高等数学同步辅导(上册)

马　燕　主　编

任秋艳　姚小娟　蒙　頔　副主编

李建生　郭中凯

清华大学出版社

北　京

内 容 简 介

针对"高等数学"这门课程中涉及的概念、公式、定理抽象难懂,解题方法多样,学习难度系数大的现状,我们编写了这本与高等数学课程配套的同步辅导教材.

本书分为上、下两册,共 12 章,以小节为单位编写. 每章以"本章知识导航"开篇,简明扼要地总结了主要学习内容,然后按节展开,每节均包括重要知识点、典型例题解析和课后练习题. 其中,"重要知识点"部分归纳总结了每小节的主要内容,包括基本概念、性质、定理、公式、基本解题方法等;"典型例题解析"部分精选具有代表性的例题进行分析讲解,示范做题方法和技巧;"课后练习题"部分按难易程度分为基础训练和能力提升两级,基础训练题主要用于学生课后夯实基础,提升能力题主要用于加强学生对知识点的应用.

本书可作为理工科院校"高等数学"课程的教学参考书和学习指导书.

图书在版编目(CIP)数据

高等数学同步辅导(上册)/马燕主编. --北京:清华大学出版社,2017(2020.8重印)
ISBN 978-7-302-48460-8

Ⅰ. ①高… Ⅱ. ①马… Ⅲ. ①高等数学—高等学校—教学参考资料 Ⅳ. ①O13

中国版本图书馆 CIP 数据核字(2017)第 224416 号

责任编辑:陈立静
封面设计:李 坤
责任校对:周剑云
责任印制:沈 露

出版发行:清华大学出版社
   网 址:http://www.tup.com.cn, http://www.wqbook.com
   地 址:北京清华大学学研大厦 A 座   邮 编:100084
   社 总 机:010-62770175   邮 购:010-62786544
   投稿与读者服务:010-62776969, c-service@tup.tsinghua.edu.cn
   质量反馈:010-62772015, zhiliang@tup.tsinghua.edu.cn
   课件下载:http://www.tup.com.cn, 010-62791865
印 装 者:北京鑫海金澳胶印有限公司
经 销:全国新华书店
开 本:185mm×260mm 印 张:11.75 字 数:282 千字
版 次:2017 年 9 月第 1 版   印 次:2020 年 8 月第 4 次印刷
定 价:29.00 元

产品编号:076944-01

前 言

本书是在顺应教学改革发展的需求下，为高等院校"高等数学"课程编写的教学参考书和学习指导书，对于优化学生的知识结构、培养学生的逻辑思维能力、提高学生的数学素质起着重要的作用，同时也可以为后续课程的学习打下坚实的数学基础.

本书除具有基本知识点全面、文字阐述清楚易懂等特点外，还具有以下特色：

(1) 内容按章节展开，理论知识体系完整，按板块构建框架，条理清楚、层次分明，突出了辅导书的实用性功能.

(2) 知识点总结紧扣大纲，力求概念阐述准确，符号使用规范，公式书写简明.

(3) 例题的选编具有针对性，分析解答全面准确，对解题方法起到了很好的示范作用.

(4) 课后习题分级选编，兼顾不同水平的读者需求.

本书由马燕任主编，具体章节编写分工是：马燕编写第 1、4、5、6、9 章；姚小娟编写第 2、3 章；任秋艳编写第 7 章；李建生编写第 8 章；蒙頔编写第 10、11 章；郭中凯编写第 12 章.

本书的编写得到了兰州理工大学技术工程学院的大力支持与帮助，在此表示衷心的感谢.

由于作者水平有限，时间比较仓促，书中难免有疏漏及错误之处，敬请读者及同行批评指正.

编　者

目　　录

第1章 函数的极限与连续

本章知识导航：

函数
- 基础知识：集合，数集，区间，邻域
- 函数的概念
- 函数的特性：奇偶性，单调性，有界性，周期性
- 几个重要概念：反函数，复合函数，初等函数

极限
- 极限的定义
  - 数列的极限(ε-N定义)：$\lim\limits_{n\to\infty} x_n$
  - 函数的极限
    - (ε-δ定义) $\begin{cases}\lim\limits_{x\to x_0} f(x)\\[2pt]\lim\limits_{x\to x_0} f(x)\end{cases}$
    - (ε-X定义) $\begin{cases}\lim\limits_{x\to\infty} f(x)\\[2pt]\lim\limits_{x\to\pm\infty} f(x)\end{cases}$
- 极限的性质
  - 数列极限的性质：唯一性，有界性，四则运算
  - 函数极限的性质：唯一性，局部有界性，局部保号性，四则运算
- 极限存在判别准则
  - 数列极限判别准则 $\begin{cases}夹逼准则\\单调有界准则\end{cases}$
  - 函数极限判别准则：夹逼准则
- 无穷大量与无穷小量
  - 定义
  - 无穷大与无穷小的关系
  - 无穷小的性质
  - 无穷小的阶
- 求极限的方法：四则运算法则，极限存在准则，两个重要极限，等价无穷小代换，函数的连续性

连续
- 连续的定义：$\lim\limits_{x\to x_0} f(x)=f(x_0)$
- 间断点
  - 第一类 $\begin{cases}可去：\lim\limits_{x\to x_0^-} f(x)=\lim\limits_{x\to x_0^+} f(x)\\[2pt]跳跃：\lim\limits_{x\to x_0^-} f(x)\neq\lim\limits_{x\to x_0^+} f(x)\end{cases}$
  - 第二类：$\lim\limits_{x\to x_0^-} f(x)$ 与 $\lim\limits_{x\to x_0^+} f(x)$ 与中至少有一个不存在
- 闭区间上连续函数的性质：最值定理，有界性定理，介值定理，零点存在定理

1.1　函　　数

1.1.1　重要知识点

1. 邻域的定义

设点 a 与 δ 是两个实数,且 $\delta > 0$，称集合 $E = \{x \mid |x-a| < \delta\}$ 为点 a 的 δ 邻域，记作 $U(a, \delta)$. 称集合 $E = \{x \mid 0 < |x-a| < \delta\}$ 为点 a 的 δ 去心邻域，记作 $\mathring{U}(a, \delta)$.

注意：区间是个实数集，而邻域是个特殊的对称开区间.

2. 函数的定义

设 x, y 是两个变量，x 的取值范围是非空数集 D，f 是某个对应法则. 如果对每一个 $x \in D$，按照此法则，f 都能确定唯一的一个 y 值与之对应，则称此对应法则 f 为定义在 D 上的函数，或称变量 y 是变量 x 的函数，记作

$$y = f(x)，\quad x \in D.$$

其中，x 称为自变量，y 称为因变量或函数，D 称为函数的定义域，常记作 D_f，D_f 中每个数 x 在 f 下的像 $f(x)$（即对应的 y 值），也称为函数在点 x 处的函数值，全体函数值的集合称为函数的值域，记作 R_f 或 $f(D)$，即

$$R_f = f(D) = \{y \mid y = f(x), x \in D_f\}.$$

平面点集 $\{(x, y) \mid y = f(x)，x \in D_f\}$ 称为函数 $f(x)$ 的图像. 一元函数的图像通常是一条曲线.

确定函数的两要素：定义域和对应法则.

3. 函数的几种特性

(1) 奇偶性

设 $y = f(x)$ 是一给定的函数，如果对所有的 $x \in D_f$，都有 $f(-x) = f(x)$，则称 $f(x)$ 是偶函数，其图像关于 y 轴对称；如果对所有的 $x \in D_f$，都有 $f(-x) = -f(x)$，则称 $f(x)$ 是奇函数，其图像关于原点对称.

(2) 单调性

设 $f(x)$ 是一给定的函数，区间 $I \subset D_f$，对区间 I 上任意两点 x_1, x_2，且 $x_1 < x_2$，如果恒有

$$f(x_1) < f(x_2) \quad (f(x_1) > f(x_2))，$$

则称 $f(x)$ 在区间 I 上单调增加(单调减少). 单调增加或单调减少的函数统称为单调函数. 区间 I 上的增(减)函数的图形是沿 x 轴正向上升(下降)的.

(3) 有界性

设 $f(x)$ 是一给定函数，区间 $I \subset D_f$，如果存在正常数 M，使对区间 I 上任一点 x，恒有

$$|f(x)| \leqslant M,$$

则称 $f(x)$ 在区间 I 上有界；如果这样的 M 不存在，则称 $f(x)$ 在区间 I 上无界.

(4) 周期性

设 $f(x)$ 是一给定函数，如果存在正常数 T，使对 D_f 内任意一点 x 都有

$$f(x+T) = f(x),$$

则称 $f(x)$ 为周期函数，正常数 T 称为周期，把满足上式的最小正常数 T 称为函数的最小正周期或基本周期，简称周期. 通常所说的周期一般指最小正周期.

4. 几个重要概念

(1) 反函数

设 $y = f(x)$ 是一给定函数，如果对每个 $y \in R_f$，都有唯一的一个满足 $y = f(x)$ 的 $x \in D_f$ 与之对应，则 x 也是 y 的函数，称此函数为原函数 $y = f(x)$ 的反函数，记作 $x = f^{-1}(y)$，而把 $y = f(x)$ 称为直接函数，或说它们互为反函数. 为与习惯一致，常将反函数改写为 $y = f^{-1}(x)$.

$y = f(x)$ 存在反函数的充分必要条件是 $y = f(x)$ 是一一映射，也就是说，只有严格单调的函数才存在反函数；$D_{f^{-1}} = R_f$；$R_{f^{-1}} = D_f$；$f^{-1}[f(x)] = x$；$f[f^{-1}(x)] = x$；$y = f^{-1}(x)$ 与 $y = f(x)$ 的图像关于直线 $y = x$ 对称.

(2) 复合函数

设 y 是 u 的函数：$y = f(u)$，而 u 是 x 的函数：$u = \varphi(x)$. 如果 $D_f \bigcap R_\varphi \neq \varnothing$，则 $y = f[\varphi(x)]$ 是定义于数集 $\{x \mid u = \varphi(x) \in D_f,\ x \in D_\varphi\}$ 上的函数，称此函数为由 $y = f(u)$ 与 $u = \varphi(x)$ 复合而成的复合函数，x 仍为自变量，y 仍为因变量，而 u 称为中间变量.

(3) 初等函数

基本初等函数：

常数函数 $y = c$（c 为实常数）;

幂函数 $y = x^\alpha$（α 为实常数，$\alpha \neq 0$）;

指数函数 $y = a^x$（$0 < a \neq 1$）;

对数函数 $y = \log_a x$（$0 < a \neq 1$）;

三角函数 $y = \sin x$，$y = \cos x$，$y = \tan x$，$y = \cot x$;

反三角函数 $y = \arcsin x$，$y = \arccos x$，$y = \arctan x$，$y = \operatorname{arccot} x$.

初等函数是由六种基本初等函数经过有限次的四则运算以及有限次的复合运算所得到的，由一个式子表示的函数称为初等函数.

1.1.2 典型例题解析

例 1.1.1 求下列函数的定义域.

分析 函数的定义域就是使函数的解析表达式有意义的自变量 x 的集合或有特殊规定的自变量 x 的取值范围, 往往归结为不等式组的解集合. 求函数的定义域一般有以下几种情形: ①分式的分母不等于 0; ②偶次方根下的式子非负; ③取对数运算的式子大于 0; ④取正切运算的式子不等于 $k\pi+\dfrac{\pi}{2}$, $k \in Z$; ⑤取余切运算的式子不等于 $k\pi$, $k \in Z$; ⑥取反正弦、反余弦运算的式子绝对值不大于 1.

(1) $y = \dfrac{1}{\lg(1-x)}$.

解: $\begin{cases} 1-x>0, \\ 1-x \neq 1. \end{cases} \Rightarrow \begin{cases} x<1, \\ x \neq 0. \end{cases}$ $D_f = (-\infty,0) \bigcup (0,1)$.

(2) $y = \sqrt{\sin x} + \sqrt{x^2-25}$.

解: $\begin{cases} \sin x \geqslant 0, \\ x^2-25 \geqslant 0. \end{cases} \Rightarrow \begin{cases} 2k\pi \leqslant x < (2k\pi+1)\pi \quad (k=0,\pm1,\pm2,\cdots), \\ x \leqslant -5 \text{ 或 } x \geqslant 5. \end{cases}$

$\Rightarrow -2\pi \leqslant x \leqslant -5$ 或 $2k\pi \leqslant x < (2k\pi+1)\pi \qquad (k=0,\pm1,\pm2,\cdots)$,

$D_f = [-2\pi,-5] \bigcup (\bigcup\limits_{\substack{k \in Z \\ k \neq -1,0}} [2k\pi,(2k+1)\pi])$.

(3) $y = \log_2 \log_{\frac{1}{2}} \lg x$.

解: $\begin{cases} x>0, \\ \lg x>0, \\ \log_{\frac{1}{2}} \lg x>0. \end{cases} \Rightarrow \begin{cases} x>0, \\ x>1, \\ 0<\lg x<1. \end{cases} \Rightarrow \begin{cases} x>0, \\ x>1, \\ 1<x<10. \end{cases} \Rightarrow 1<x<10$,

$D_f = (1,10)$.

例 1.1.2 已知 $y=f(2^x)$ 的定义域为 $[-1,1]$, 求函数 $y=f(\log_2 x)+f(x-1)$ 的定义域.

分析 先由 $f(2^x)$ 的定义域求出 $f(x)$ 的定义域, 再求所给函数的定义域.

解: 因 $-1 \leqslant x \leqslant 1$, 所以 $\dfrac{1}{2} \leqslant 2^x \leqslant 2$, 即 $f(x)$ 的定义域为 $\left[\dfrac{1}{2},2\right]$;

再由 $\begin{cases} \dfrac{1}{2} \leqslant \log_2 x \leqslant 2, \\ \dfrac{1}{2} \leqslant x-1 \leqslant 2. \end{cases}$ 解得 $\begin{cases} \sqrt{2} \leqslant x \leqslant 4, \\ \dfrac{3}{2} \leqslant x \leqslant 3. \end{cases}$

所求定义域为 $\left[\dfrac{3}{2},3\right]$.

例 1.1.3 下列各题中, 函数 $f(x)$ 和 $g(x)$ 是否相同, 为什么?

分析 如果两个函数的定义域和对应法则都相同, 那么这两个函数就是相同的, 此时二者的值域一定相同, 与函数表达形式及自变量用什么符号表示没有直接关系; 否则就是不同的函数.

(1) $f(x) = x$，$g(x) = \sqrt{x^2}$；

解：不同， 定义域相同，但 $g(x) = |x|$ 与 $f(x) = x$ 的函数关系不同.

(2) $f(x) = \sqrt[3]{x^4 - x^3}$，$g(x) = x \cdot \sqrt[3]{x-1}$.

解：相同，定义域和函数关系都相同，所以是相同的函数.

例 1.1.4 求函数的解析表达式.

设 $f(x+1) = x^2 + x + 3$，求 $f(x)$.

分析 把 $x+1$ 看成一个整体，先用拼凑法，再用换元法求解函数的表达式.

解法 1：$f(x+1) = (x+1)^2 - (x+1) + 3$，则 $f(x) = x^2 - x + 3$.

解法 2：令 $u = x+1$，则 $x = u-1$，代入得

$$f(u) = (u-1)^2 + (u-1) + 3 = u^2 - u + 3,$$

所以，$f(x) = x^2 - x + 3$.

例 1.1.5 判断函数的奇偶性.

分析 用奇函数和偶函数的定义，判断 $f(-x)$ 是否等于 $f(x)$.

(1) $y = \begin{cases} x(1+x), & x < 0; \\ x(1-x), & x \geqslant 0. \end{cases}$

解：$f(x) = \begin{cases} x(1+x), & x < 0; \\ x(1-x), & x \geqslant 0. \end{cases}$

$f(-x) = \begin{cases} -x(1-x), & -x < 0; \\ -x(1+x), & -x \geqslant 0. \end{cases} = \begin{cases} -x(1+x), & x \leqslant 0; \\ -x(1-x), & x > 0. \end{cases}$

$\qquad = \begin{cases} -x(1+x), & x < 0; \\ -x(1-x), & x \geqslant 0. \end{cases} = -f(x),$

所以，$f(x)$ 是奇函数.

(2) $F(x) = f(x)\left(\dfrac{1}{2^x + 1} - \dfrac{1}{2}\right)$，其中 $f(x)$ 为 **R** 上的奇函数.

解：$F(-x) = f(-x)\left(\dfrac{1}{2^{-x} + 1} - \dfrac{1}{2}\right) = -f(x)\left(\dfrac{2^x}{2^x + 1} - \dfrac{1}{2}\right)$

$\qquad = -f(x)\left(1 - \dfrac{1}{2^x + 1} - \dfrac{1}{2}\right) = f(x)\left(\dfrac{1}{2^x + 1} - \dfrac{1}{2}\right) = F(x)$.

所以，$F(x)$ 是偶函数.

例 1.1.6 判断函数的有界性.

分析 关键是要理解对定义域中的所有 x，都要满足的某种关系.

(1) 证明 $y = \dfrac{x}{1+x^2}$ 是有界函数.

证明：$\forall x \in \mathbf{R}$，有 $|y| = \dfrac{|x|}{1+x^2}$. 因 $1+x^2 \geqslant 2|x| \geqslant |x|$，

所以，$|y| = \dfrac{|x|}{1+x^2} \leqslant 1$，故 $y = \dfrac{x}{1+x^2}$ 是有界函数.

(2) 证明 $y = \dfrac{x + \sin x}{x}$ 是有界函数.

证明： 此函数的定义域为 $x \neq 0$，即 $(-\infty, 0) \bigcup (0, +\infty)$.

因为 $|y| = \left| \dfrac{x + \sin x}{x} \right| = \left| 1 + \dfrac{\sin x}{x} \right| \leqslant 1 + \dfrac{|\sin x|}{|x|}$.

又 $\forall x \in \mathbf{R}$，有 $|\sin x| \leqslant |x|$. 当 $x \neq 0$ 时， $\dfrac{|\sin x|}{|x|} \leqslant 1$，

所以，$\forall x \in (-\infty, 0) \bigcup (0, +\infty)$，有 $|y| \leqslant 1 + \dfrac{|\sin x|}{|x|} \leqslant 2$.

故 $y = \dfrac{x + \sin x}{x}$ 是有界函数.

例 1.1.7   求下列函数的反函数.

分析   首先要判断原函数的定义域，其次必须求原函数的值域.

(1) $y = 2 \arcsin \dfrac{4x + 1}{3} - 5$.

解： $D_f = \left[-1, \dfrac{1}{2} \right]$， $R_f = [-\pi - 5, \pi - 5]$.

$\arcsin \dfrac{4x + 1}{3} = \dfrac{y + 5}{2}$， $\dfrac{4x + 1}{3} = \sin \dfrac{y + 5}{2}$，

$x = \dfrac{3}{4} \sin \dfrac{y + 5}{2} - \dfrac{1}{4}$，

$y = \dfrac{3}{4} \sin \dfrac{x + 5}{2} - \dfrac{1}{4}$ $x \in [-\pi - 5, \pi - 5]$.

(2) $y = \cos x, x \in [-\pi, 0]$.

解法 1： $D_f = [-\pi, 0]$， $R_f = [-1, 1]$.

因为 $-\pi \leqslant x \leqslant 0$，所以 $0 \leqslant x + \pi \leqslant \pi$，

$y = \cos x = -\cos(x + \pi)$， $x + \pi = \arccos(-y)$，

$x = -\pi + \arccos(-y) = -\pi + \pi - \arccos y = -\arccos y$

即 $y = -\arccos x$， $x \in [-1, 1]$.

解法 2： 因为 $-\pi \leqslant x \leqslant 0$，所以 $0 \leqslant -x \leqslant \pi$.

           $y = \cos x = \cos(-x)$， $-x = \arccos y$.

即 $y = -\arccos x$， $x \in [-1, 1]$.

(3) $y = \begin{cases} -x^2 - 1, & -2 < x < 0; \\ \sqrt{1 - x^2}, & 0 \leqslant x \leqslant 1; \\ 2^{x-1}, & x > 1. \end{cases}$

解： 当 $-2 < x < 0$ 时，$y = -x^2 - 1 \in (-5, -1)$， $x = -\sqrt{-y - 1}$，

即 $y = -\sqrt{-x - 1}$， $x \in (-5, -1)$.

当 $0 \leqslant x \leqslant 1$ 时，$y = \sqrt{1-x^2} \in [0,1]$，$x = \sqrt{1-y^2}$，

即　$y = \sqrt{1-x^2}$，$x \in [0,1]$.

当 $x > 1$ 时，$y = 2^{x-1} \in (1, +\infty)$，$x = \log_2(y+1)$，

即　$y = \log_2(x+1)$，$x \in (1, +\infty)$.

所以，反函数为　$y = \begin{cases} -\sqrt{-x-1}, & -5 < x < -1; \\ \sqrt{1-x^2}, & 0 \leqslant x \leqslant 1; \\ \log_2(x+1), & x > 1. \end{cases}$

例 1.1.8　求复合函数.

设 $f(x) = \begin{cases} 2x, & -1 \leqslant x \leqslant 1, \\ x^2, & 1 < x \leqslant 4, \end{cases}$ $g(x) = \begin{cases} 4x, & x \leqslant 2, \\ x-2, & x > 2. \end{cases}$ 求 $f[g(x)]$ 与 $g[f(x)]$.

分析　求 $f[g(x)]$ 的方法是：在内函数 $g(x)$ 的每一段上，讨论使 $g(x)$ 的值落在外函数 $f(x)$ 的定义域各个段内的自变量 x 的取值范围. 在每个取值范围内，将 $g(x)$ 代入 $f(x)$ 的相应表达式. 若某个范围是空集，则在该范围内 $f[g(x)]$ 无意义.

解：(1) 当 $x \leqslant 2$ 时，使 $g(x) = 4x$ 的值落在外函数 $f(x)$ 的定义域的两段 $[-1,1]$ 和 $(1,4]$ 内的自变量 x 的取值范围分别为 $\begin{cases} x \leqslant 2 \\ -1 \leqslant 4x \leqslant 1 \end{cases}$ 的解集：$-\dfrac{1}{4} \leqslant x \leqslant \dfrac{1}{4}$ 和 $\begin{cases} x \leqslant 2 \\ 1 < 4x \leqslant 4 \end{cases}$ 的解集：$\dfrac{1}{4} < x \leqslant 1$.

当 $x > 2$ 时，使 $g(x) = x-2$ 的值落在 $[-1,1]$ 和 $(1,4]$ 内的自变量 x 的取值范围分别为不等式组 $\begin{cases} x > 2 \\ -1 \leqslant x-2 \leqslant 1 \end{cases}$ 的解集：$2 < x \leqslant 3$ 及不等式组 $\begin{cases} x > 2 \\ 1 < x-2 \leqslant 4 \end{cases}$ 的解集：$3 < x \leqslant 6$.

所以，$f[g(x)] = \begin{cases} 2 \cdot (4x), & -\dfrac{1}{4} \leqslant x \leqslant \dfrac{1}{4}; \\ (4x)^2, & \dfrac{1}{4} < x \leqslant 1; \\ 2 \cdot (x-2), & 2 < x \leqslant 3; \\ (x-2)^2, & 3 < x \leqslant 6. \end{cases} = \begin{cases} 8x, & -\dfrac{1}{4} \leqslant x \leqslant \dfrac{1}{4}; \\ 16x^2, & \dfrac{1}{4} < x \leqslant 1; \\ 2x-4, & 2 < x \leqslant 3; \\ (x-2)^2, & 3 < x \leqslant 6. \end{cases}$

(2) 当 $-1 \leqslant x \leqslant 1$ 时，使 $f(x) = 2x$ 的值落在外函数 $g(x)$ 的定义域内的两段 $(-\infty, 2]$ 及 $(2, +\infty)$ 内的自变量 x 的取值范围分别是不等式组 $\begin{cases} -1 \leqslant x \leqslant 1 \\ 2x \leqslant 2 \end{cases}$ 的解集：$-1 \leqslant x \leqslant 1$ 及不等式组 $\begin{cases} -1 \leqslant x \leqslant 1 \\ 2x > 2 \end{cases}$ 的解集：空集 $\varnothing$.

当 $1 < x \leqslant 4$ 时，使 $f(x) = x^2$ 的值落在外函数 $g(x)$ 的定义域内的两段 $(-\infty, 2]$ 及 $(2, +\infty)$ 内的自变量 x 的取值范围分别是不等式组 $\begin{cases} 1 < x \leqslant 4 \\ x^2 \leqslant 2 \end{cases}$ 的解集：$1 < x \leqslant \sqrt{2}$ 及不等式组

$\begin{cases} 1 < x \leqslant 4 \\ x^2 > 2 \end{cases}$ 的解集：$\sqrt{2} < x \leqslant 4$.

综上所述，可得 $g[f(x)] = \begin{cases} 8x, & -1 \leqslant x \leqslant 1; \\ 4x^2, & 1 < x \leqslant \sqrt{2}; \\ x^2 - 2, & \sqrt{2} < x \leqslant 4. \end{cases}$

例 1.1.9　函数建模实例.

某产品的单价为 400 元/台，当年产量在 1000 台时，可以全部售出，当年产量超过 1000 台时，经广告宣传可以再多售出 200 台，每台平均广告费 40 元，生产再多时本年就售不出去. 试将本年的销售总收入 R 表示为年产量 x 的函数.

分析　函数的定义域就是使函数的解析表达式有意义的自变量 x 的集合或有特殊规定的自变量 x 的取值范围. 往往归结为不等式组的解集合.

解：当 $0 \leqslant x \leqslant 1000$ (台)时，可全部售出，此时总收入：$R(x) = 400x$ (元)；

当 $1000 < x \leqslant 1200$ (台)时，前 1000 台按 400 元/台售出，后 $x - 1000$ 台按 360 元/台售出，此时总收入为

$$R(x) = 1000 \times 400 + (x - 1000) \times 360 = 360x + 40000 \text{ (元)};$$

当 $x > 1200$ (台)时，前 1000 台按 400 元/台售出，后 200 台按 360 元/台售出，再多余的 $x - 1200$ 台没有收入，此时总收入为

$$R(x) = 1000 \times 400 + 200 \times 360 = 472000 \text{ (元)}.$$

综上所述，收入函数为

$$y = \begin{cases} 400x, & 0 \leqslant x \leqslant 1000; \\ 40000 + 360x, & 1000 < x \leqslant 1200; \\ 472000, & x > 1200. \end{cases}$$

1.1.3　课后练习题

习题 1.1(基础训练)

1. 求函数 $y = \dfrac{\sqrt{1 - x^2}}{x} + \ln(2x^2 - x)$ 的定义域.

2．已知函数 $y = f(x)$ 的定义域为 $[0,3]$，求函数 $y = f(3 + 2x)$ 的定义域．

3．问下列各对函数是否表示同一个函数，为什么？

(1)　$y = \sin x$　与　$y = \sqrt{1 - \cos^2 x}$；

(2)　$y = \ln x^3$　与　$y = 3\ln x$．

4．已知 $f\left(\dfrac{x+1}{x}\right) = x^2 + \dfrac{1}{x^2}$，求 $f(x)$．

5．求函数 $y = \sqrt[3]{2x+1}$ 的反函数．

6. 设 $f(x) = \begin{cases} 1, & x > 0 \\ 0, & x = 0 \\ -1, & x < 0 \end{cases}$，$g(x) = 2x + 1$．求 $f[g(x)]$．

7. 若 $f(x)$ 为定义在 $(-\infty, +\infty)$ 上的偶函数，且图形关于直线 $x = 2$ 对称．证明：$f(x)$ 为周期函数，并求出周期 T．

习题 1.1(能力提升)

1. 求函数 $y = \dfrac{4}{x^2 - 1} - \sqrt{2x - 1} + \lg(3 - x)$ 的定义域．

2. 设函数 $f(x)$ 的定义域为 $[0,1]$，求函数 $f(x + a) + f(x - a)$ $(a > 0)$ 的定义域．

3. 设函数 $f(x)$ 满足方程 $af(x) + bf\left(\dfrac{1}{x}\right) = x$ 　　$(|a| \neq |b|)$，求 $f(x)$.

4. 设 $f(x)$ 为奇函数，且对任何 $x \in \mathbf{R}$ 有：$f(x+2) = f(x) + f(2)$，已知 $f(1) = a$，

(1) 求 $f(2)$ 与 $f(5)$；

(2) 当 a 取何值时，$f(x)$ 以 2 为周期.

5. 某地区某天对鸡蛋的需求函数为 $Q = 65 - 9p$，供给函数为 $S = 5p - 5$（单位：Q 为千克，p 为元/千克).

(1) 找出均衡价格，并求出此时的供给量与需求量；

(2) 在同一坐标系内画出供给函数曲线与需求函数曲线.

1.2　数列的极限与极限存在准则

1.2.1　重要知识点

1. 数列极限的定义

定性定义　$\lim\limits_{n \to \infty} x_n = a$：当 n 无限增大时，x_n 无限接近于 a .

定量定义 $\lim\limits_{n \to \infty} x_n = a \Leftrightarrow$ 对 $\forall \varepsilon$，$\exists N > 0$，当 $n > N$ 时，有 $|x_n - a| < \varepsilon$.

2. 关于数列极限的几点说明

(1) ε 是任意给定的，它反映了 x_n 与 a 的接近程度.

(2) N 不是唯一的，它随 ε 的变化而变化，通常记为 $N(\varepsilon)$.

(3) 数列极限的几何解释：$\lim\limits_{n \to \infty} x_n = a$ 对于任意给定正数 ε 邻域，都存在一个足够大的确定的自然数 N，使数列 $\{x_n\}$ 中，所有下标大于 N 的 x_n 都落在 a 的 ε 邻域 $U(a, \varepsilon)$ 内.

3. 数列极限的性质

(1) 唯一性：若数列 $\{x_n\}$ 收敛，则它的极限唯一.

(2) 有界性：若数列 $\{x_n\}$ 收敛，则数列 $\{x_n\}$ 有界，即存在 $M > 0$，则对任意 $n \in N$ 都有 $|x_n| \leqslant M$.

(3) 保号性：若 $\lim\limits_{n \to \infty} x_n = a$ 且 $a > 0$（或 $a < 0$），则 $\exists N > 0$，当 $n > N$ 时，都有 $x_n > 0$（或 $x_n < 0$）.

(4) 收敛数列与子列的关系：如果数列 $\{x_n\}$ 收敛于 a，则它的任一子列也收敛，且极限也是 a.

这也就意味着如果数列 $\{x_n\}$ 有一个子列发散或者有两个子列收敛于不同的极限，则数列 $\{x_n\}$ 是发散的.

(5) 四则运算法则：两数列均收敛时，和差积商的极限等于极限的和差积商(此法则适用于有限项的情形).

4. 数列极限的存在准则

(1) 夹逼准则
若 $y_n \leqslant x_n \leqslant z_n (n = 1, 2, \cdots)$ 且 $\lim\limits_{n \to \infty} y_n = \lim\limits_{n \to \infty} z_n = a$，则 $\lim\limits_{n \to \infty} x_n = a$.

(2) 单调有界准则
单调有界数列必有极限(单调递增有上界，或单调递减有下界).

1.2.2 典型例题解析

例 1.2.1 求极限 $\lim\limits_{n \to \infty} \left(\dfrac{1^2}{n^3} + \dfrac{2^2}{n^3} + \cdots + \dfrac{n^2}{n^3} \right)$.

分析 数列极限的四则运算法则仅适用于有限项的情形，否则，应先利用初等数学的知识将其化为有限项的情形，再利用四则运算法则求解.

解：错误的做法：$\lim\limits_{n\to\infty}\left(\dfrac{1^2}{n^3}+\dfrac{2^2}{n^3}+\cdots+\dfrac{n^2}{n^3}\right)$

$$=\lim\limits_{n\to\infty}\dfrac{1^2}{n^3}+\lim\limits_{n\to\infty}\dfrac{2^2}{n^3}+\cdots+\lim\limits_{n\to\infty}\dfrac{n^2}{n^3}$$

$$=0.$$

错误的原因：随着 $n\to\infty$，括号里是无穷多项相加，不是有限项的情形，因此不能直接用四则运算法则求解.

正确的做法：$\lim\limits_{n\to\infty}\left(\dfrac{1^2}{n^3}+\dfrac{2^2}{n^3}+\cdots+\dfrac{n^2}{n^3}\right)$

$$=\lim\limits_{n\to\infty}\dfrac{1}{n^3}(1^2+2^2+\cdots+n^2)$$

$$=\lim\limits_{n\to\infty}\dfrac{1}{n^3}\cdot\dfrac{1}{6}n(n+1)(2n+1)$$

$$=\dfrac{1}{6}\lim\limits_{n\to\infty}\left(1+\dfrac{1}{n}\right)\left(2+\dfrac{1}{n}\right)$$

$$=\dfrac{1}{6}\left(1+\lim\limits_{n\to\infty}\dfrac{1}{n}\right)\left(2+\lim\limits_{n\to\infty}\dfrac{1}{n}\right)$$

$$=\dfrac{1}{3}.$$

例 1.2.2　求 $\lim\limits_{n\to\infty}n\left(\dfrac{1}{n^2+\pi}+\dfrac{1}{n^2+2\pi}+\cdots+\dfrac{1}{n^2+n\pi}\right)$.

分析　利用夹逼准则计算数列的极限时，最关键的一步是通过合适的"缩放法"找到两头能夹住中间目标数列且能收敛到同一极限的两个数列.

解：由于 $\dfrac{n^2}{n^2+n\pi}\leqslant n\left(\dfrac{1}{n^2+\pi}+\dfrac{1}{n^2+2\pi}+\cdots+\dfrac{1}{n^2+n\pi}\right)\leqslant\dfrac{n^2}{n^2+\pi}$，

而　　　$\lim\limits_{n\to\infty}\dfrac{n^2}{n^2+n\pi}=\lim\limits_{n\to\infty}\dfrac{1}{1+\dfrac{\pi}{n}}=1,\ \lim\limits_{n\to\infty}\dfrac{n^2}{n^2+\pi}=\lim\limits_{n\to\infty}\dfrac{1}{1+\dfrac{\pi}{n^2}}=1,$

所以，由夹逼准则得 $\lim\limits_{n\to\infty}n\left(\dfrac{1}{n^2+\pi}+\dfrac{1}{n^2+2\pi}+\cdots+\dfrac{1}{n^2+n\pi}\right)=1.$

例 1.2.3　设 $x_1=\sqrt{6},x_2=\sqrt{6+\sqrt{6}},\cdots,x_n=\sqrt{6+\sqrt{6+\cdots+\sqrt{6}}}$，证明数列 $\{x_n\}$ 的极限存在，并求出此极限.

分析　"若数列单调递增有上界，或单调递减有下界，则数列必存在极限(收敛)." 对于递推数列往往使用这一准则求极限，运用时应注意该准则需遵循以下两个步骤：①证明数列单调，有界即极限存在；②假设数列的极限为 A，通过递推式两端求极限建立关于 A 的方程，从而求得 A.

解：显然数列 $\{x_n\}$ 单调增加，且 $x_1<3$，$x_2=\sqrt{6+x_1}<\sqrt{6+3}=3$，

若设 $x_{n-1} < 3$，则 $x_n = \sqrt{6 + x_{n-1}} < \sqrt{6+3} = 3$．

即归纳得数列 $\{x_n\}$ 有上界，从而收敛．

设 $\lim\limits_{n\to\infty} x_n = A$，则由 $x_n = \sqrt{6 + x_{n-1}}$ 两端取极限，得

$$A = \sqrt{6 + A}$$

解得 $A = 3$ 或 $A = -2$(舍)，于是得 $\lim\limits_{n\to\infty} x_n = 3$．

1.2.3　课后练习题

习题 1.2(基础训练)

1．求下列数列的极限．

(1) $\lim\limits_{n\to\infty} \dfrac{3 + 2^n}{2^n}$；

(2) $\lim\limits_{n\to\infty} \dfrac{n-1}{n+1}$；

(3) $\lim\limits_{n\to\infty} (\sqrt{n^2 + n} - n)$；

(4) $\lim\limits_{n\to\infty} \left(\dfrac{1}{n^2} + \dfrac{2}{n^2} + \cdots + \dfrac{n}{n^2} \right)$；

(5) $\lim\limits_{n\to\infty} \left(\dfrac{1}{1 \cdot 2} + \dfrac{1}{2 \cdot 3} + \cdots + \dfrac{1}{n(n+1)} \right)$．

2．利用极限存在准则证明：$\lim\limits_{n\to\infty}\left(\dfrac{1}{\sqrt{n^2+1}}+\dfrac{1}{\sqrt{n^2+2}}+\cdots+\dfrac{1}{\sqrt{n^2+n}}\right)=1$．

习题 1.2(能力提升)

1．求下列数列的极限．

(1) $\lim\limits_{n\to\infty}\left[\dfrac{1+3+5+\cdots+(2n-1)}{n+3}-n\right]$；

(2) $\lim\limits_{n\to\infty}\dfrac{1+a+a^2+\cdots+a^n}{1+b+b^2+\cdots+b^n}$ ($|a|<1$，$|b|<1$)．

2．研究数列 $a_n=\sqrt{1+\sqrt{1+\cdots+\sqrt{1}}}$ (n重根号) 的敛散性，如果收敛，求出极限．

1.3　函数的极限

1.3.1　重要知识点

(1) 自变量趋于有限值时函数的极限

① 定性定义　$\lim\limits_{x \to x_0} f(x) = A$：当 x 无限接近 x_0 时，$f(x)$ 无限接近于 A．

② 定量定义　$\lim\limits_{x \to x_0} f(x) = A \Leftrightarrow$ 对 $\forall \varepsilon > 0$，$\exists \delta > 0$，当 $0 < |x - x_0| < \delta$ 时，恒有 $|f(x) - A| < \varepsilon$．

(2) 单侧极限

左极限　$\lim\limits_{x \to x_0^-} f(x) = A$：$x$ 从 x_0 的左侧趋于 x_0 时，$f(x)$ 无限接近于 A．

右极限　$\lim\limits_{x \to x_0^+} f(x) = A$：$x$ 从 x_0 的右侧趋于 x_0 时，$f(x)$ 无限接近于 A．

(3) $\lim\limits_{x \to x_0} f(x) = A \Leftrightarrow \lim\limits_{x \to x_0^-} f(x) = A = \lim\limits_{x \to x_0^+} f(x)$　(该结论常用来考察分段函数在分段点处的极限是否存在).

(4) 自变量趋于无穷时函数的极限

① 定性定义　$\lim\limits_{x \to \infty} f(x) = A$：当 $|x|$ 无限增大时，$f(x)$ 无限接近于 A．

② 定量定义　$\lim\limits_{x \to \infty} f(x) = A \Leftrightarrow$ 对 $\forall \varepsilon > 0$，$\exists X > 0$，当 $|x| > X$ 时，恒有 $|f(x) - A| < \varepsilon$．

(5) $\lim\limits_{x \to -\infty} f(x) = A$：当 x 取负值而 $|x|$ 无限增大时，$f(x)$ 无限接近于 A．

$\lim\limits_{x \to +\infty} f(x) = A$：当 x 无限增大时，$f(x)$ 无限接近于 A．

(6) $\lim\limits_{x \to \infty} f(x) = A \Leftrightarrow \lim\limits_{x \to -\infty} f(x) = A = \lim\limits_{x \to +\infty} f(x)$．

(7) 函数极限的性质(以 $\lim\limits_{x \to x_0} f(x)$ 为例)：

① 唯一性：若 $\lim\limits_{x \to x_0} f(x)$ 存在，则极限唯一．

② 局部有界性：若 $\lim\limits_{x \to x_0} f(x) = A$，则 $f(x)$ 在点 x_0 的某去心邻域内有界．

② 局部保号性：若 $\lim\limits_{x \to x_0} f(x) = A$ 且 $A > 0$(或 $A < 0$)，则在点 x_0 的某邻域内，有 $f(x) > 0$(或 $f(x) < 0$)．

1.3.2　典型例题解析

例 1.3.1　求 $f(x) = \dfrac{|x|}{x}$ 当 $x \to 0$ 时的左、右极限，并说明它在 $x \to 0$ 时的极限是否存在．

分析　当分段函数在分段点两侧的表达式不一样时，利用"函数在一点极限存在的充要条件是函数在该点的左右极限都存在并且相等"的理论解决．

解： $\lim\limits_{x \to 0^+} f(x) = \lim\limits_{x \to 0^+} \dfrac{|x|}{x} = \lim\limits_{x \to 0^+} \dfrac{x}{x} = 1$，

$\lim\limits_{x \to 0^-} f(x) = \lim\limits_{x \to 0^-} \dfrac{|x|}{x} = \lim\limits_{x \to 0^-} \dfrac{-x}{x} = -1$，

因为 $\lim\limits_{x \to 0^+} f(x) \neq \lim\limits_{x \to 0^-} f(x)$，所以 $\lim\limits_{x \to 0} f(x)$ 不存在.

例 1.3.2　　考察 $g(x) = \begin{cases} x & ,x \neq 1 \\ 0 & ,x = 1 \end{cases}$ 在 $x = 1$ 处的极限是否存在.

分析　当分段函数在分段点两侧的表达式一样时，就直接求极限.

解： $\lim\limits_{x \to 1} g(x) = \lim\limits_{x \to 1} x = 1$.

1.3.3　课后练习题

习题 1.3(基础训练)

1．$f(x)$ 当 $x \to x_0$ 时的右极限 $f(x_0^+)$ 及左极限 $f(x_0^-)$ 都存在且相等是 $\lim\limits_{x \to x_0} f(x)$ 存在的 _____ 条件.

2．设函数 $f(x) = \begin{cases} x^2 - 1, & 0 \leqslant x \leqslant 1 \\ x + 3, & x > 1 \end{cases}$，求 $\lim\limits_{x \to \frac{1}{2}} f(x)$，$\lim\limits_{x \to 1} f(x)$，$\lim\limits_{x \to 2} f(x)$.

习题 1.3(能力提升)

1．研究当 $x \to 0$ 时，$f(x) = \dfrac{|x|}{2x}$ 的极限.

1.4 极限运算法则与两个重要极限

1.4.1 重要知识点

(1) 四则运算法则：两函数极限均收敛时，和差积商的极限等于极限的和差积商(此法则适用于有限项的情形).

(2) 函数极限的存在准则：夹逼准则

若 $f(x) \leqslant h(x) \leqslant g(x)$，且 $\lim\limits_{x \to x_0} f(x) = \lim\limits_{x \to x_0} g(x) = A$，则 $\lim\limits_{x \to x_0} h(x) = A$.

(3) 复合函数的极限运算法则

如果 $\lim\limits_{x \to x_0} \varphi(x) = a$，又 $\lim\limits_{u \to a} f(u) = A$，则 $\lim\limits_{x \to x_0} f[\varphi(x)] = \lim\limits_{u \to a} f(u) = A$.

(4) 两个重要极限

① $\lim\limits_{x \to 0} \dfrac{\sin x}{x} = 1$，　　　　　推广　$\lim\limits_{\Delta \to 0} \dfrac{\sin \Delta}{\Delta} = 1$；

② $\lim\limits_{x \to \infty} \left(1 + \dfrac{1}{x}\right)^x = \mathrm{e}$，　　　　推广　$\lim\limits_{\square \to \infty} \left(1 + \dfrac{1}{\square}\right)^{\square} = \mathrm{e}$　$\lim\limits_{\square \to 0}(1 + \square)^{\frac{1}{\square}} = \mathrm{e}$.

1.4.2 典型例题解析

1. 求函数极限的方法：(一)四则运算法则

有理分式函数在有限点处的极限 $\lim\limits_{x \to x_0} \dfrac{f(x)}{g(x)}$ (其中 $f(x), g(x)$ 都是多项式).

当 $\lim\limits_{x \to x_0} g(x) \neq 0$ 时，$\lim\limits_{x \to x_0} \dfrac{f(x)}{g(x)} = \dfrac{\lim\limits_{x \to x_0} f(x)}{\lim\limits_{x \to x_0} g(x)}$.

当 $\lim\limits_{x \to x_0} g(x) = 0$ 时，应先利用初等数学的知识(如分解因式，分子分母有理化约去分子分母中的"非零因子")转化为上述情形来做.

有理分式函数在无穷远点处的极限 $\lim\limits_{x \to \infty} \dfrac{f(x)}{g(x)}$ (其中 $f(x), g(x)$ 都是多项式):

$$\lim_{x \to \infty} \frac{a_0 x^m + a_1 x^{m-1} + \cdots + a_{m-1} x + a_m}{b_0 x^k + b_1 x^{k-1} + \cdots + b_{k-1} x + b_k} = \begin{cases} \dfrac{a_0}{b_0}, & m = k; \\ 0, & m < k; \\ \infty, & m > k. \end{cases}$$

例 1.4.1 求下列函数的极限.

(1) $\lim\limits_{x \to 0} \dfrac{x+1}{x-5}$.

解： $\lim\limits_{x \to 0} \dfrac{x+1}{x-5} = \dfrac{\lim\limits_{x \to 0}(x+1)}{\lim\limits_{x \to 0}(x-5)} = \dfrac{1}{-5} = -\dfrac{1}{5}$.

(2)　$\lim\limits_{x \to 0^-} \dfrac{|x|}{\sqrt{a+x} - \sqrt{a-x}}$ $(a > 0)$.

解： $\lim\limits_{x \to 0^-} \dfrac{|x|}{\sqrt{a+x} - \sqrt{a-x}} = \lim\limits_{x \to 0^-} \dfrac{-x(\sqrt{a+x} + \sqrt{a-x})}{a+x-a+x}$

$\qquad\qquad\qquad = \lim\limits_{x \to 0^-} \dfrac{-(\sqrt{a+x} + \sqrt{a-x})}{2} = -\sqrt{a}$.

(3)　$\lim\limits_{x \to \infty} \dfrac{(4x^2 - 3)^3 (3x-2)^4}{(6x^2 + 7)^5}$.

解： 考虑分子、分母中 x 的最高次数，在此，分子为 $4^3 x^6 \cdot 3^4 x^4$ ，分母为 $6^5 x^{10}$ ，所以

$$\lim\limits_{x \to \infty} \dfrac{(4x^2 - 3)^3 (3x-2)^4}{(6x^2 + 7)^5} = \dfrac{4^3 \cdot 3^4}{6^5} = \dfrac{2}{3} .$$

2. 求函数极限的方法：(二)夹逼准则

例 1.4.2　求 $\lim\limits_{x \to 0} x \left[\dfrac{1}{x} \right]$.

解： $x - 1 < [x] \leqslant x$　故　$\dfrac{1}{x} - 1 < \left[\dfrac{1}{x} \right] \leqslant \dfrac{1}{x}$.

当 $x > 0$ 时，$1 - x < x \left[\dfrac{1}{x} \right] \leqslant 1$ ，而 $\lim\limits_{x \to 0^+}(1 - x) = 1, \lim\limits_{x \to 0^+} 1 = 1$ ，

由夹逼准则得　$\lim\limits_{x \to 0^+} x \left[\dfrac{1}{x} \right] = 1$.

当 $x < 0$ 时，$1 \leqslant x \left[\dfrac{1}{x} \right] < 1 - x$ ，而 $\lim\limits_{x \to 0^-} 1 = 1, \lim\limits_{x \to 0^-}(1 - x) = 1$ ，

由夹逼准则得　$\lim\limits_{x \to 0^-} x \left[\dfrac{1}{x} \right] = 1$.

综上，我们求得 $\lim\limits_{x \to 0} x \left[\dfrac{1}{x} \right] = 1$.

3. 求函数极限的方法: (三) 两个重要极限

$$\lim\limits_{\Delta \to 0} \dfrac{\sin \Delta}{\Delta} = 1 , \qquad \lim\limits_{\Box \to \infty} \left(1 + \dfrac{1}{\Box} \right)^{\Box} = \mathrm{e} , \qquad \lim\limits_{\Box \to 0} (1 + \Box)^{\frac{1}{\Box}} = \mathrm{e} .$$

例 1.4.3　求下列函数的极限.

(1)　$\lim\limits_{x \to 0} \dfrac{\sin 2x}{\sin 5x}$.

解： $\lim\limits_{x \to 0} \dfrac{\sin 2x}{\sin 5x} = \lim\limits_{x \to 0} \left(\dfrac{\sin 2x}{2x} \cdot \dfrac{5x}{\sin 5x} \cdot \dfrac{2}{5} \right) = \dfrac{2}{5} \lim\limits_{x \to 0} \dfrac{\sin 2x}{2x} \lim\limits_{x \to 0} \dfrac{5x}{\sin 5x} = \dfrac{2}{5}$.

(2) $\lim\limits_{x\to\infty}\left(1+\dfrac{1}{x}\right)^{\frac{x}{2}}$.

解: $\lim\limits_{x\to\infty}\left(1+\dfrac{1}{x}\right)^{\frac{x}{2}}=\lim\limits_{x\to\infty}\left[\left(1+\dfrac{1}{x}\right)^{x}\right]^{\frac{1}{2}}=\left[\lim\limits_{x\to\infty}\left(1+\dfrac{1}{x}\right)^{x}\right]^{\frac{1}{2}}=\mathrm{e}^{\frac{1}{2}}$.

(3) $\lim\limits_{x\to0}(1-3x)^{\frac{1}{x}}$.

解: $\lim\limits_{x\to0}(1-3x)^{\frac{1}{x}}=\lim\limits_{x\to0}\left[(1+(-3x))^{\frac{1}{-3x}}\right]^{-3}=\mathrm{e}^{-3}$.

1.4.3　课后练习题

习题 1.4(基础训练)

1. 求下列函数的极限.

(1) $\lim\limits_{x\to0}\dfrac{x^2+3x+4}{x^2+2}$;

(2) $\lim\limits_{x\to1}\dfrac{x^2-2x+1}{x^2-1}$;

(3) $\lim\limits_{x\to1}\left(\dfrac{1}{x-1}-\dfrac{2}{x^2-1}\right)$;

(4) $\lim\limits_{x\to\infty}\dfrac{x^2-1}{2x^2-x-1}$;

(5)　$\lim\limits_{x \to +\infty} (\sqrt{x^2+1} - x)$；

(6)　$\lim\limits_{x \to 1} \sqrt{\dfrac{x^2-3x+2}{x^2-4x+3}}$；

(7)　$\lim\limits_{x \to 0} \dfrac{\tan 3x}{x}$；

(8)　$\lim\limits_{x \to 1} \dfrac{\sin(x-1)}{x^2-1}$；

(9)　$\lim\limits_{x \to 0} \dfrac{1-\cos x}{x^2}$；

(10)　$\lim\limits_{x \to \infty} \left(\dfrac{1+x}{x}\right)^{2x}$；

(11) $\lim\limits_{x\to\infty}\left(1-\dfrac{3}{x}\right)^{2x}$;

(12) $\lim\limits_{x\to\infty}\left(\dfrac{x+2}{x+1}\right)^{3x+1}$.

习题 2.4(能力提升)

1. 已知 $\lim\limits_{x\to\infty}\left(\dfrac{x^2+1}{x+1}-ax-b\right)=0$ ，求常数 a 和 b 的值.

2. 利用夹逼准则证明：$\lim\limits_{x\to0}\sqrt[n]{1+x}=1$.

3. 求极限 $\lim_{x \to 0}(1+3x)^{\frac{2}{\sin x}}$.

4. 设 $f(x) = \begin{cases} 2e^{2x}, & x \geqslant 0 \\ \dfrac{\sin ax}{x}, & x < 0 \end{cases}$，且 $\lim_{x \to 0} f(x)$ 存在，求常数 a.

1.5 无穷小量与无穷大量

1.5.1 重要知识点

1. 无穷小(以 $x \to x_0$ 的极限过程为例)

(1) 定义：若 $\lim_{x \to x_0} f(x) = 0$，则称 $f(x)$ 为当 $x \to x_0$ 时的无穷小.

(2) 性质：① 有限个无穷小的和、差、积仍为无穷小.

② 无穷小与有界函数的乘积仍为无穷小.

(3) 无穷小阶的比较：

当 $x \to x_0$ 时，设函数 $\alpha(x)$ 和 $\beta(x)$ 均为无穷小.

若 $\lim_{x \to x_0} \dfrac{\alpha(x)}{\beta(x)} = 0$，则称当 $x \to x_0$ 时，$\alpha(x)$ 为 $\beta(x)$ 的高阶无穷小.

记作 $\alpha(x) = o(\beta(x))$，$x \to x_0$. 同时也称 $\beta(x)$ 为 $\alpha(x)$ 的低阶无穷小.

若 $\lim_{x \to x_0} \dfrac{\alpha(x)}{\beta(x)} = c \neq 0$，则称 $\alpha(x)$ 与 $\beta(x)$ 为当 $x \to x_0$ 时的同阶无穷小.

若 $\lim_{x \to x_0} \dfrac{\alpha(x)}{\beta(x)} = 1$，则称 $\alpha(x)$ 与 $\beta(x)$ 为当 $x \to x_0$ 时的等价无穷小.

记作 $\alpha(x) \sim \beta(x)$，$x \to x_0$.

(4) 等价无穷小在求极限问题中的作用:

若当 $x \to x_0$ 时，$\alpha \sim \overline{\alpha}$，$\beta \sim \overline{\beta}$，$\lim\limits_{x \to x_0} \dfrac{\overline{\alpha}}{\overline{\beta}}$ 存在，则 $\lim\limits_{x \to x_0} \dfrac{\alpha}{\beta} = \lim\limits_{x \to x_0} \dfrac{\overline{\alpha}}{\overline{\beta}}$.

2. 无穷大

定义: 若当 $x \to x_0$ 时，$|f(x)|$ 无限增大，则称 $f(x)$ 为当 $x \to x_0$ 时的无穷大. 记作 $\lim\limits_{x \to x_0} ff(x) = \infty$.

3. 无穷小与无穷大之间的关系

(1) 如果函数 $f(x)$ 是某一变化过程中的无穷大，那么其倒数 $\dfrac{1}{f(x)}$ 是该变化过程中的无穷小;

(2) 如果函数 $f(x)$ 是某一变化过程中的无穷小($f(x) \neq 0$)，那么其倒数 $\dfrac{1}{f(x)}$ 是该变化过程中的无穷大.

1.5.2 典型例题解析

求函数极限的方法: (四)等价无穷小代换

几个常用的等价无穷小:

当 $x \to 0$ 时，

$\sin x \sim x$，$\arcsin x \sim x$，$\tan x \sim x$，$\arctan x \sim x$，$1 - \cos x \sim \dfrac{1}{2} x^2$，$\mathrm{e}^x - 1 \sim x$，

$\ln(1 + x) \sim x$，$(1 + x)^\alpha - 1 \sim \alpha x$.

推广 若 $x \to 0, f(x) \to 0$ 时，则

$\sin f(x) \sim f(x)$，$\arcsin f(x) \sim f(x)$，

$\tan f(x) \sim f(x)$，$\arctan f(x) \sim f(x)$，

$1 - \cos f(x) \sim \dfrac{1}{2} f(x)^2$，$\mathrm{e}^{f(x)} - 1 \sim f(x)$，

$\ln(1 + f(x)) \sim f(x)$，$(1 + f(x))^\alpha - 1 \sim \alpha f(x)$.

例 1.5.1 求下列函数的极限.

(1) $\lim\limits_{x \to 0} \dfrac{\tan 3x}{2x}$.

解: $\lim\limits_{x \to 0} \dfrac{\tan 3x}{2x} = \lim\limits_{x \to 0} \dfrac{3x}{2x} = \dfrac{3}{2}$.

(2) $\lim\limits_{x \to 0} \dfrac{\tan x - \sin x}{\sin^3 x}$.

解：$\lim\limits_{x \to 0} \dfrac{\tan x - \sin x}{\sin^3 x} = \lim\limits_{x \to 0} \dfrac{\dfrac{1}{\cos x} - 1}{\sin^2 x} = \lim\limits_{x \to 0} \left(\dfrac{1 - \cos x}{\sin^2 x} \cdot \dfrac{1}{\cos x} \right)$

$= \lim\limits_{x \to 0} \dfrac{1 - \cos x}{\sin^2 x} \cdot \lim\limits_{x \to 0} \dfrac{1}{\cos x} = \lim\limits_{x \to 0} \dfrac{\dfrac{1}{2}x^2}{x^2} \cdot 1 = \dfrac{1}{2}$.

1.5.3　课后练习题

习题 1.5(基础训练)

1．选择题

当 $x \to 0$ 时，$x^2 - \sin x$ 是 x 的(　　).

    A．高阶无穷小   B．低阶无穷小

    C．同阶无穷小，但非等价无穷小   D．等价无穷小

2．填空题

若 $x \to 0$ 时，$(1 - ax^2)^{\frac{1}{4}} - 1$ 与 $x \sin x$ 是等价无穷小，则 $a = $ _____.

3．填空题

(1) $\lim\limits_{x \to 0} \dfrac{\sin x}{x} = $ _____.   (2) $\lim\limits_{x \to \infty} \dfrac{\sin x}{x} = $ _____.

(3) $\lim\limits_{x \to 0} x \sin \dfrac{1}{x} = $ _____.   (4) $\lim\limits_{x \to \infty} x \sin \dfrac{1}{x} = $ _____.

习题 1.5(能力提升)

求下列函数的极限.

(1) $\lim\limits_{x \to 0^-} \dfrac{-\sqrt{1 - \cos x}}{e^{\sin x} - 1}$;   (2) $\lim\limits_{x \to 0} \dfrac{\ln(1 + x)}{\sin 3x}$;

(3) $\lim\limits_{x \to 0} \dfrac{x^2 \sin^3 x}{(\arctan x)^2 (1 - \cos x)}$;   (4) $\lim\limits_{x \to 0} \dfrac{2 \arcsin x}{3x}$;

(5) $\lim\limits_{x\to 0}(\cos x)^{\frac{1}{\ln(1+x^2)}}$；　　　　　　　　　　(6) $\lim\limits_{x\to 0}\dfrac{1-\cos 2x}{\sin^2 3x}$.

1.6　函数的连续性

1.6.1　重要知识点

1．函数在一点连续的定义

设函数 $y=f(x)$ 在点 x_0 的某邻域内有定义，若 $\lim\limits_{x\to x_0}ff(x)=f(x_0)$，则称函数 $f(x)$ 在点 x_0 处连续．

可见 $f(x)$ 在点 x_0 处连续必须具备以下三个条件：

(1) $f(x)$ 在点 x_0 有定义，即 $f(x_0)$ 存在；

(2) 极限 $\lim\limits_{x\to x_0}f(x)$ 存在；

(3) $\lim\limits_{x\to x_0}f(x)=f(x_0)$．

2．函数在一点连续的等价命题

$$\lim\limits_{x\to x_0}f(x)=f(x_0) \Leftrightarrow \lim\limits_{\Delta x\to 0}\Delta y=0$$

$$\Leftrightarrow \underbrace{f(x_0^-)=f(x_0)}_{\text{左连续}}\ \underbrace{=f(x_0^+)}_{\text{右连续}}$$

$$\Leftrightarrow \forall\varepsilon>0，\exists\delta>0,\text{当}|x-x_0|<\delta\text{ 时，有}$$

$$|f(x)-f(x_0)|<\varepsilon.$$

3．函数在区间上连续的定义

若 $f(x)$ 在某区间上每一点都连续，则称它在该区间上连续，称它为该区间上的连续函数．

4．函数的间断点

设函数 $y=f(x)$ 在点 x_0 的某去心邻域内有定义，如果函数 $f(x)$ 在点 x_0 不连续，则称点 x_0 为函数 $f(x)$ 的间断点．

于是，若点 x_0 为函数 $f(x)$ 的间断点，则必然出现以下情形之一：

(1) 函数 $f(x)$ 在 x_0 无定义；

(2) 函数 $f(x)$ 在 x_0 虽有定义，但 $\lim\limits_{x \to x_0} f(x)$ 不存在；

(3) 函数 $f(x)$ 在 x_0 虽有定义，且 $\lim\limits_{x \to x_0} f(x)$ 也存在，但 $\lim\limits_{x \to x_0} f(x) \neq f(x_0)$.

5. 间断点的分类

点 x_0 为 $f(x)$ 的间断点.

第一类间断点：$f(x_0^-)$ 及 $f(x_0^+)$ 均存在，若 $f(x_0^-) = f(x_0^+)$，则称 x_0 为可去间断点. 若 $f(x_0^-) \neq f(x_0^+)$，称 x_0 为跳跃间断点.

第二类间断点：$f(x_0^-)$ 及 $f(x_0^+)$ 中至少有一个不存在，若其中有一个为无穷，则称 x_0 为无穷间断点. 若其中有一个为振荡，称 x_0 为振荡间断点.

6. 连续函数的运算

定理 1　在某点连续的有限个函数经有限次和、差、积、商(分母不为 0) 运算，结果仍是一个在该点连续的函数 .

定理 2　连续单调递增(递减)函数的反函数也连续单调递增(递减).

定理 3　连续函数的复合函数是连续的.

7. 初等函数的连续性

$$\left. \begin{array}{l} \text{基本初等函数在定义区间内连续} \\ \text{连续函数经四则运算仍连续} \\ \text{连续函数的复合函数连续} \end{array} \right\} \text{一切初等函数在定义区间内连续}.$$

1.6.2　典型例题解析

例 1.6.1　设 $f(x) = \begin{cases} \dfrac{1}{x}\sin x, & x < 0 \\ k, & x = 0 \\ x\sin\dfrac{1}{x} + 1, & x > 0 \end{cases}$，问当 k 为何值时，函数 $f(x)$ 在 $x = 0$ 处连续.

分析　一个函数在一点处连续必须同时满足三个条件：一是有定义，二是有极限，三是函数值与极限值相等. 而此分段函数在分段点两侧的表达式不一致，所以必须讨论分段点处的左、右极限来确定该点的极限是否存在.

解：由 $\lim\limits_{x \to 0^-} f(x) = \lim\limits_{x \to 0^-} \dfrac{1}{x}\sin x = 1$(重要极限)，

$$\lim_{x \to 0^+} f(x) = \lim_{x \to 0^+} \left(x\sin\frac{1}{x} + 1 \right) = 1 \left(\lim_{x \to 0^+} x = 0, \left| \sin\frac{1}{x} \right| \leqslant 1 \right),$$

有 $\lim\limits_{x\to 0} f(x) = 1$.

而 $f(0) = k$，所以当 $k = 1$ 时，$\lim\limits_{x\to 0} f(x) = f(0)$，即当 $k = 1$ 时，$f(x)$ 在 $x = 0$ 处连续.

例 1.6.2　考察函数 $f(x) = \begin{cases} \dfrac{\sin x}{x}, & x \neq 0 \\ 1, & x = 0 \end{cases}$ 在 $x = 0$ 处的连续性.

分析　此题是与上一题同种类型的题目，只不过对于这个分段函数，由于其分段点两侧的表达式一致，所以应直接求极限，而不再需要考察左、右极限.

解： 因为 $\lim\limits_{x\to 0} f(x) = \lim\limits_{x\to 0} \dfrac{\sin x}{x} = 1 = f(0)$，所以 $f(x)$ 在 $x = 0$ 处连续.

例 1.6.3　设 $f(x) = \dfrac{1 - \cos x}{x^3 + x^2}$.

(1) 指出 $f(x)$ 的间断点，并判断其类型；

(2) 求出 $f(x)$ 的连续区间.

分析　$f(x)$ 在点 x_0 间断的类型：

第一类间断点　左右极限都存在 $\begin{cases} \text{左极限=右极限：可去间断点} \\ \text{左极限} \neq \text{右极限：跳跃间断点} \end{cases}$

第二类间断点　左右极限中至少有一个不存在

$\begin{cases} \text{极限表现为无穷：无穷间断点} \\ \text{极限表现为振荡：振荡间断点} \end{cases}$

解：(1)由于 $f(x) = \dfrac{1 - \cos x}{x^2(1 + x)}$，显然 $f(x)$ 在点 $x_1 = 0, x_2 = -1$ 处无定义，所以，$f(x)$ 的间断点为 $x_1 = 0, x_2 = -1$.

因为 $\lim\limits_{x\to 0} f(x) = \lim\limits_{x\to 0} \dfrac{1 - \cos x}{x^2(1 + x)} = \lim\limits_{x\to 0} \dfrac{\frac{1}{2}x^2}{x^2(1 + x)} = \dfrac{1}{2}$，所以，$x_1 = 0$ 是第一类的可去间断点.

因为 $\lim\limits_{x\to -1} f(x) = \lim\limits_{x\to -1} \dfrac{1 - \cos x}{x^2(1 + x)} = \infty$，所以，$x_2 = -1$ 是第二类的无穷间断点.

(2) $f(x)$ 的连续区间为 $(-\infty, -1) \bigcup (-1, 0) \bigcup (0, +\infty)$.

例 1.6.4　求极限 $\lim\limits_{x\to 0} \dfrac{\ln(1 + x)}{x}$.

分析　求函数极限的方法：利用函数的连续性求极限.

连续函数的极限符号可以与函数符号进行交换，这给求复合函数极限带来很大方便.

解： $\lim\limits_{x\to 0} \dfrac{\ln(1 + x)}{x} = \lim\limits_{x\to 0} \ln(1 + x)^{\frac{1}{x}}$，

由于 $\ln x$ 连续，而且 $(1 + x)^{\frac{1}{x}} \to \mathrm{e}(x \to 0)$，

故上式 $= \ln \lim\limits_{x\to 0} (1 + x)^{\frac{1}{x}} = \ln \mathrm{e} = 1$.

例 1.6.5 求极限 $\lim\limits_{x\to 1}\dfrac{x^2+e^x\sin 2x}{\sqrt{1+x}}$.

分析 由于初等函数在其定义区间内连续，所以如果要求初等函数在定义区间内某点的极限时，只需求该点的函数值即可.

解： $\lim\limits_{x\to 1}\dfrac{x^2+e^x\sin 2x}{\sqrt{1+x}}=\dfrac{1^2+e^1\sin(2\times 1)}{\sqrt{1+1}}=\dfrac{1+e\sin 2}{\sqrt{2}}$.

1.6.3 课后练习题

习题 1.6(基础训练)

1. 考察函数 $f(x)=\begin{cases}2x+1, & 0\leqslant x<1 \\ x^2, & 1\leqslant x\leqslant 3\end{cases}$ 在点 $x=1$ 处的连续性.

2. 考察函数 $f(x)=\begin{cases}\dfrac{\sin x}{x}, & x\neq 0 \\ 2, & x=0\end{cases}$ 在点 $x=0$ 处的连续性.

3. 设 $f(x)=\begin{cases}2e^{2x}, & x<0 \\ a+x, & x\geqslant 0\end{cases}$，问 a 取何值时，函数 $f(x)$ 能成为 $(-\infty,+\infty)$ 上的连续函数.

4．求函数 $f(x) = \dfrac{x}{\ln|x-1|}$ 的间断点并判别其类型．

5．求下列极限．

(1) $\lim\limits_{x \to \frac{\pi}{2}} \ln \sin x$ ；

(2) $\lim\limits_{x \to 0} \sqrt{x^2 - 2x + 5}$ ；

(3) $\lim\limits_{\alpha \to \frac{\pi}{4}} (\sin 2\alpha)^3$ ；

(4) $\lim\limits_{x \to 1} \dfrac{\ln\left(e^x + e^{x^2}\right)}{\arccos x + \sqrt{3^x + 1}}$ ；

(5) $\lim\limits_{x \to 0} \dfrac{\sqrt{x+1} - 1}{x}$ ．

习题 1.6(能力提升)

1．填空题．

(1) 已知 $f(x) = \begin{cases} (\cos x)^{\frac{1}{x^2}}, & x \neq 0 \\ a, & x = 0 \end{cases}$ 在 $x = 0$ 处连续，则 $a = $ _____ ．

(2) 设 $f(x) = \begin{cases} a + bx^2, & x \leqslant 0 \\ \dfrac{\sin bx}{x}, & x > 0 \end{cases}$ 在 $x = 0$ 处间断，则常数 a 与 b 应满足的关系是 _____．

2．求下列函数的间断点，并指出间断点的类型．

(1) $y = \dfrac{x^2 - 1}{x^2 - 3x + 2}$ ；

(2) $y = \cos^2 \dfrac{1}{x}$ ；

(3) $y = \begin{cases} \cos \dfrac{\pi}{2} x, & |x| \leqslant 1, \\ |x - 1|, & |x| > 1. \end{cases}$

3．设函数 $f(x) = \begin{cases} \dfrac{\ln \cos(x-1)}{1 - \cos^2(x-1)}, & x \neq 1 \\ 1, & x = 1 \end{cases}$ ，问函数 $f(x)$ 在 $x = 1$ 处是否连续？若不连续，改变函数在 $x = 1$ 处的定义，使之连续．

1.7　闭区间上连续函数的基本性质

1.7.1　重要知识点

闭区间上连续函数的性质如下。

(1) 最值定理：若函数 $f(x)$ 在闭区间 $[a,b]$ 上连续，则 $f(x)$ 在闭区间 $[a,b]$ 上一定能取得最大值和最小值.

(2) 有界性定理：若函数 $f(x)$ 在闭区间 $[a,b]$ 上连续，则 $f(x)$ 在闭区间 $[a,b]$ 上一定有界.

(3) 介值定理：若函数 $f(x)$ 在闭区间 $[a,b]$ 上连续，且 $f(a) \neq f(b)$，若 μ 为介于 $f(a)$ 与 $f(b)$ 之间的任一实数，则在开区间 (a,b) 内至少存在一点 x_0，使得 $f(x_0) = \mu$.

(4) 零点存在定理：若函数 $f(x)$ 在闭区间 $[a,b]$ 上连续，且 $f(a)$ 与 $f(b)$ 异号，则至少存在一点 $x_0 \in (a,b)$ 使得 $f(x_0) = 0$.

1.7.2　典型例题解析

例 1.7.1　设 $f(x) = x + x^2 + \cdots + x^n (n = 2,3,\cdots)$，证明 $f(x) = 1$ 在 $(0,1)$ 内至少有一个实根.

分析　利用闭区间上连续函数性质证明方程根的存在问题，一般有两种方法：①介值定理；②零点定理.

利用介值定理，其步骤如下：

① 从要证明的等式中找出连续函数 $f(x)$ 所需取得的数 C；

② 说明 C 在 $f(x)$ 的相关区间的最大值和最小值之间；

③ 利用介值定理得到结论.

证明：$f(x)$ 显然在 $[0,1]$ 上连续，且 $f(0) = 0$，$f(1) = n > 1$，由介值定理知，在 $(0,1)$ 内至少存在一点 ξ，使 $f(\xi) = 1$，从而 $f(x) = 1$ 在 $(0,1)$ 内至少有一个实根.

例 1.7.2　证明曲线 $y = x^4 - 3x^2 + 7x - 10$ 在 $x = 1$ 与 $x = 2$ 之间至少与 x 轴有一个交点.

分析　证明曲线 $y = x^4 - 3x^2 + 7x - 10$ 在 $x = 1$ 与 $x = 2$ 之间至少与 x 轴有一个交点，就是证明函数 $y = x^4 - 3x^2 + 7x - 10$ 在 $x = 1$ 与 $x = 2$ 之间至少有一个零点，与证明 $x^4 - 3x^2 + 7x - 10 = 0$ 在 $x = 1$ 与 $x = 2$ 之间至少有一个实根是同一个问题.

选用零点定理证明有关根的相关问题的基本步骤如下.

① 作辅助函数.

a. 将要证明的等式中的 ξ 换成 x，得到相应方程；

b. 通过移项，使方程一边为 0；

c. 将方程不为 0 的一边设为辅助函数.

② 根据题意，找到闭区间，使辅助函数在闭区间两端点异号．

③ 利用零点定理得到结论．

证明： 函数 $y = x^4 - 3x^2 + 7x - 10$ 显然在 $[1,2]$ 上连续，并且 $y(1) = 1 - 3 + 7 - 10 = -5 < 0$，$y(2) = 16 - 12 + 14 - 10 = 8 > 0$，由零点定理知，函数 $y = x^4 - 3x^2 + 7x - 10$ 在 $(1,2)$ 内至少有一个零点，即曲线在 $x = 1$ 与 $x = 2$ 之间至少与 x 轴有一个交点．

1.7.3　课后练习题

习题 1.7(基础训练)

1．证明三次代数方程 $x^3 - 4x^2 + 1 = 0$ 在开区间 $(0,1)$ 内至少有一个根．

2．证明方程 $x = \cos x$ 在 $\left(0, \dfrac{\pi}{2}\right)$ 内至少存在一个实数根．

3．试证明方程 $x = a\sin x + b\,(a, b > 0)$ 至少有一个正实根，且不超过 $a + b$．

习题 1.7(能力提升)

1. 设函数 $f(x)$ 在 $[a,b]$ 上连续，且函数的值域也是 $[a,b]$，证明至少存在一点 $\xi \in [a,b]$，使 $f(\xi) = \xi$，其中 $b > a$．

2. 设 $f(x)$ 在 $[a,b]$ 上连续，且 $a < c < d < b$，证明在 $[a,b]$ 上至少存在一点 ξ，使得 $pf(c) + qf(d) = (p+q)f(\xi)$，其中，$p,q$ 为任意正常数．

第2章 导数与微分

本章知识导航:

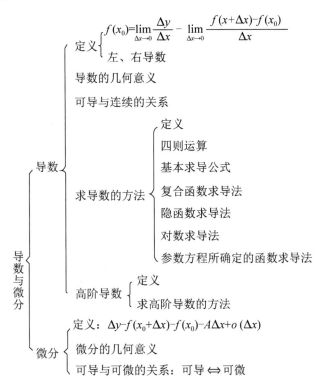

2.1 导数的概念

2.1.1 重要知识点

1. 导数的定义

设函数 $y = f(x)$ 在点 x_0 的某个邻域内有定义, 当自变量 x 在 x_0 处取得增量 Δx (点 $x_0 + \Delta x$ 仍在该邻域内)时, 相应的函数 y 取得增量 $\Delta y = f(x_0 + \Delta x) - f(x_0)$, 如果 Δy 与 Δx 之比在 $\Delta x \to 0$ 时的极限存在, 则称函数 $y = f(x)$ 在点 x_0 处可导, 并称这个极限为函数 $y = f(x)$ 在点 x_0 处的导数, 记为 $y'\big|_{x=x_0}$, 即

$$y'\big|_{x=x_0} = \lim_{\Delta x \to 0} \frac{\Delta y}{\Delta x} = \lim_{\Delta x \to 0} \frac{f(x_0 + \Delta x) - f(x_0)}{\Delta x}, \qquad ①$$

也可记作 $f'(x_0)$, $\dfrac{\mathrm{d}y}{\mathrm{d}x}\Big|_{x=x_0}$ 或 $\dfrac{\mathrm{d}f(x)}{\mathrm{d}x}\Big|_{x=x_0}$.

函数 $f(x)$ 在点 x_0 处可导有时也说成 $f(x)$ 在点 x_0 处具有导数或导数存在.

导数的定义式①也可取不同的形式,常见的有

$$f'(x_0) = \lim_{h \to 0} \frac{f(x_0 + h) - f(x_0)}{h} \tag{②}$$

和

$$f'(x_0) = \lim_{x \to x_0} \frac{f(x) - f(x_0)}{x - x_0} \tag{③}$$

2. 导数的几何意义

如果函数 $y = f(x)$ 在点 x_0 处可导,则曲线 $C: y = f(x)$ 在点 $(x_0, f(x_0))$ 处的切线斜率为 $f'(x)$,因此该点处的切线方程为

$$y = f(x_0) + f'(x_0)(x - x_0)$$

相应的法线方程为

$$y = f(x_0) - \frac{1}{f'(x_0)}(x - x_0), \quad (f'(x_0) \neq 0)$$

3. 函数的可导性与连续性的关系

如果函数 $y = f(x)$ 在点 x_0 处可导,则函数 $y = f(x)$ 在点 x_0 处必连续. 反之,一个函数在某点连续却不一定在该点处可导.

4. 左导数与右导数

导数 $f'(x_0)$ 存在即 $f(x)$ 在点 x_0 处可导的充分必要条件是左、右极限

$$\lim_{h \to 0^-} \frac{f(x_0 + h) - f(x_0)}{h} \quad 及 \quad \lim_{h \to 0^+} \frac{f(x_0 + h) - f(x_0)}{h}$$

都存在且相等.这两个极限分别称为函数 $f(x)$ 在点 x_0 处的左导数和右导数,记作 $f'_-(x_0)$ 及 $f'_+(x_0)$,即

$$f'_-(x_0) = \lim_{h \to 0^-} \frac{f(x_0 + h) - f(x_0)}{h}, \quad f'_+(x_0) = \lim_{h \to 0^+} \frac{f(x_0 + h) - f(x_0)}{h}.$$

因此,函数在点 x_0 处可导的充分必要条件是左导数 $f'_-(x_0)$ 和右导数 $f'_+(x_0)$ 都存在且相等.

2.1.2　典型例题解析

(1) 会利用导数的定义求函数的导数;

(2) 会求分段函数在分段点处的导数;

(3) 会利用可导 $\Leftrightarrow$ 左右导数存在且相等判断导数是否存在和求导.

例 2.1.1　设 $f(x)$ 在 $x = a$ 处某个邻域内有定义，则 $f(x)$ 在 $x = a$ 处可导的一个充分条件是：

A. $\lim\limits_{h \to \infty} h\left[f\left(a + \dfrac{1}{h}\right) - f(a)\right]$ 存在　　　　B. $\lim\limits_{h \to 0} \dfrac{f(a + 2h) - f(a + h)}{h}$ 存在

C. $\lim\limits_{h \to 0} \dfrac{f(a + 2h) - f(a - h)}{h}$ 存在　　　　D. $\lim\limits_{h \to \infty} \dfrac{f\left(a + \dfrac{1}{h}\right) - f(a)}{\dfrac{1}{h}}$ 存在

分析　导数定义

$$y'\big|_{x = x_0} = \lim_{\Delta x \to 0} \frac{\Delta y}{\Delta x} = \lim_{\Delta x \to 0} \frac{f(x_0 + \Delta x) - f(x_0)}{\Delta x} = \lim_{x \to x_0} \frac{f(x) - f(x_0)}{x - x_0}$$

解：由于 $\lim\limits_{h \to +\infty} h\left[f\left(a + \dfrac{1}{h}\right) - f(a)\right] = \lim\limits_{h \to +\infty} \dfrac{f\left(a + \dfrac{1}{h}\right) - f(a)}{\dfrac{1}{h}} = f'_+(a)$，所以不选 A.

由于 $\lim\limits_{h \to 0} \dfrac{f(a + 2h) - f(a + h)}{h}$ 和 $\lim\limits_{h \to 0} \dfrac{f(a + 2h) - f(a - h)}{h}$ 的存在都不能保证 $\lim\limits_{h \to 0} \dfrac{f(x_0 + h) - f(x_0)}{h}$ 存在，所以不选 B 和 C，故选 D.

例 2.1.2　下列各式中均假定 $f'(x_0)$ 存在，按照导数定义观察下列极限，指出 A 表示什么.

(1) $\lim\limits_{\Delta x \to 0} \dfrac{f(x_0 - \Delta x) - f(x_0)}{\Delta x} = A$

(2) $\lim\limits_{h \to 0} \dfrac{f(x_0 + h) - f(x_0 - h)}{h} = A$

分析　利用导数定义求极限.

解：(1) $A = \lim\limits_{\Delta x \to 0} \dfrac{f(x_0 - \Delta x) - f(x_0)}{\Delta x}$

$\qquad\qquad = \lim\limits_{\Delta x \to 0} \dfrac{f(x_0 - \Delta x) - f(x_0)}{-\Delta x}(-1)$

$\qquad\qquad = -f'(x_0)$

(2) $A = \lim\limits_{h \to 0} \dfrac{f(x_0 + h) - f(x_0 - h)}{h}$

$\qquad\quad = \lim\limits_{h \to 0} \dfrac{f(x_0 + h) - f(x_0) + f(x_0) - f(x_0 - h)}{h}$

$\qquad\quad = \lim\limits_{h \to 0} \dfrac{f(x_0 + h) - f(x_0)}{h} + \lim\limits_{h \to 0} \dfrac{f(x_0) - f(x_0 - h)}{h}$

$\qquad\quad = f'(x_0) + \lim\limits_{h \to 0} \dfrac{f(x_0 - h) - f(x_0)}{-h}$

$\qquad\quad = f'(x_0) + f'(x_0)$

$\qquad\quad = 2f'(x_0)$

例 2.1.3 讨论 $f(x) = \begin{cases} x, & x \leqslant 1 \\ 2-x, & x > 1 \end{cases}$ 在点 $x = 1$ 处的连续性与可导性.

分析 分段函数在分段点处的连续性与可导性问题.

解：$\because \lim\limits_{x \to 1^-} f(x) = \lim\limits_{x \to 1^-} x = 1$，$\lim\limits_{x \to 1^+} f(x) = \lim\limits_{x \to 1^+}(2-x) = 1$；

$\therefore f(x)$ 在 $x = 1$ 点处连续.

$\because f'_-(1) = \lim\limits_{x \to 1^-} \dfrac{f(x) - f(1)}{x-1} = \lim\limits_{x \to 1^-} \dfrac{x-1}{x-1} = 1$；

$f'_+(1) = \lim\limits_{x \to 1^+} \dfrac{f(x) - f(1)}{x-1} = \lim\limits_{x \to 1^+} \dfrac{2-x-1}{x-1} = -1$.

$\therefore f(x)$ 在 $x = 1$ 点处不可导.

例 2.1.4 设 $f(x) = \begin{cases} x^2 & x \leqslant 0 \\ ax+b & x > 0 \end{cases}$，为了使函数 $f(x)$ 在 $x = 1$ 处连续且可导，问 a、b 应取什么值？

分析 (1) 由连续的定义 $\lim\limits_{\Delta x \to 0} \Delta y = 0 \Leftrightarrow f(x)$ 在 $x = x_0$ 处左连续、右连续.

即 $\lim\limits_{x \to x_0^+} f(x) = \lim\limits_{x \to x_0^-} f(x) = f(x_0)$

即左极限=右极限=$f(x_0)$.

(2) 由导数的定义，$\lim\limits_{\Delta x \to 0} \dfrac{\Delta y}{\Delta x}$ 存在 $\Leftrightarrow$ 左导数=右导数. 即

$$f'_-(x_0) = \lim\limits_{h \to 0^-} \frac{f(x_0+h) - f(x_0)}{h} = f'_+(x_0) = \lim\limits_{h \to 0^+} \frac{f(x_0+h) - f(x_0)}{h}.$$

(3) 可导 $\Rightarrow$ 连续，但连续 $\nRightarrow$ 可导.

解：(1) $\because f(x)$ 在 $x = 1$ 处连续，又 $f(1^+) = a + b$，

$$f(1^-) = \lim\limits_{x \to 1^-} x^2 = 1，\text{而 } f(1) = 1，\text{故 } 1 = a + b.$$

(2) 由函数 $f(x)$ 在 $x = 1$ 处可导，

$$\lim\limits_{x \to 1^+} \frac{f(x) - f(1)}{x-1} = \lim\limits_{x \to 1^+} \frac{ax+b-1}{x-1} = \lim\limits_{x \to 1^+} \frac{ax-a}{x-1} = a；$$

$a + b = 1，\ b - 1 = -a$，

$$\lim\limits_{x \to 1^-} \frac{f(x) - f(1)}{x-1} = \lim\limits_{x \to 1^-} \frac{x^2-1}{x-1} = \lim\limits_{x \to 1^-}(x+1) = 2；$$

$a = 2$；

由(1)、(2)知 $b = -1$.

2.1.3　课后练习题

习题 2.1(基础训练)

1. 利用导数的定义求函数 $f(x)=C$ (C 为常数)的导数.

2. 设函数 $f(x)=4x^2$ ，试按导数的定义求 $f'(1)$.

3. 讨论函数 $f(x)=\begin{cases}\sin 2x, & x\geqslant 0 \\ \mathrm{e}^{-x}-1, & x<0\end{cases}$ 在点 $x=0$ 处的连续性与可导性.

4. 讨论 $f(x)=\begin{cases}x^2\sin\dfrac{1}{x}, & x\neq 0 \\ 0, & x=0\end{cases}$ 在点 $x=0$ 处的连续性与可导性.

5. 设函数 $f(x) = \begin{cases} x^3, & x < 0 \\ x^2, & x \geqslant 0 \end{cases}$，求导数 $f'(x)$.

6. 设函数 $f(x) = \begin{cases} ax + b, & x > 0 \\ \cos x, & x \leqslant 0 \end{cases}$，为了使函数 $f(x)$ 在 $x = 0$ 处连续且可导，a、b 应取什么值？

7. 下列各题中均假定 $f'(x)$ 存在，按照导数定义求下列极限，指出 A 表示下列式子什么？

(1) $\lim\limits_{h \to 0} \dfrac{f(x_0 - h) - f(x_0)}{2h}$；

(2) $\lim\limits_{h \to 0} \dfrac{f(x_0 + 2h) - f(x_0 - h)}{h}$；

(3) $\lim\limits_{h \to 0} \dfrac{f(x_0 - 3h) - f(x_0 - 2h)}{h}$；

(4) $\lim\limits_{h \to \infty} h\left[f\left(x_0 + \dfrac{1}{h} \right) - f\left(x_0 - \dfrac{1}{h} \right) \right]$.

习题 2.1(能力提升)

1. 设函数 $f(x) = x(x-1)(x-2)\cdots(x-2017)$，求导数 $f'(1)$.

2. 求对数函数 $f(x) = \log_a x\,(a > 0,\ a \neq 1)$ 的导数.

3. 已知函数 $f(x)$ 在函数 $x=0$ 处可导，$f(0)=1$ 且 $\lim\limits_{x \to 0} \dfrac{f(2x)-1}{3x}=4$，求曲线 $y=f(x)$ 在点 $(0,1)$ 处的切线方程.

2.2 求 导 法 则

2.2.1 重要知识点

1. 基本初等函数的导数公式

$(C)'=0$; $\qquad\qquad\qquad\qquad (x^{\mu})'=\mu x^{\mu-1}$;

$(\sin x)'=\cos x$; $\qquad\qquad\qquad (\cos x)'=-\sin x$;

$(\tan x)'=\sec^2 x$; $\qquad\qquad\quad (\cot x)'=-\csc^2 x$;

$(\sec x)'=\sec x \tan x$; $\qquad\quad (\csc x)'=-\csc x \cot x$;

$(a^x)'=a^x \ln a$; $\qquad\qquad\qquad (\mathrm{e}^x)'=\mathrm{e}^x$;

$(\log_a x)'=\dfrac{1}{x \ln a}$; $\qquad\qquad (\ln x)'=\dfrac{1}{x}$;

$(\arcsin x)'=\dfrac{1}{\sqrt{1-x^2}}$; $\qquad (\arccos x)'=-\dfrac{1}{\sqrt{1-x^2}}$;

$(\arctan x)'=\dfrac{1}{1+x^2}$; $\qquad\ (\operatorname{arccot} x)'=-\dfrac{1}{1+x^2}$.

2. 导数的四则运算法则

设 $u=u(x)$，$v=v(x)$ 都可导，则

(1) $[u(x) \pm v(x)]'=u'(x) \pm v'(x)$;

(2) $[u(x) \cdot v(x)]'=u'(x)v(x)+u(x)v'(x)$;

(3) $[cu(x)]'=cu'(x)$;

(4) $\left[\dfrac{u(x)}{v(x)}\right]'=\dfrac{u'(x)v(x)-u(x)v'(x)}{v^2(x)}$ $(v \ne 0)$.

3. 反函数的求导法则

若 $x=f(y)$ 在区间 I_y 内单调、可导，且 $f'(y) \ne 0$，则它的反函数 $y=f^{-1}(x)$ 在对应区

间 I_x 内也可导，且

$$\frac{\mathrm{d}y}{\mathrm{d}x} = \frac{1}{\dfrac{\mathrm{d}x}{\mathrm{d}y}} \quad 或 \quad [f^{-1}(x)]' = \frac{1}{f'(y)}$$

4. 复合函数求导法则

设 $y = f(u)$，$u = g(x)$，且 $f(u)$ 及 $g(u)$ 都可导，则复合函数 $y = f[g(x)]$ 也可导，且

$$\frac{\mathrm{d}y}{\mathrm{d}x} = \frac{\mathrm{d}y}{\mathrm{d}u} \cdot \frac{\mathrm{d}u}{\mathrm{d}x} \quad 或 \quad y'(x) = f'(u) \cdot g'(x).$$

5. 隐函数求导法则

若函数 $y = f(x)$ 是由方程 $F(x, y) = 0$ 确定的可导函数，则对方程 $F(x, y(x)) = 0$ 两边关于 x 求导，可以解出 $y' = \dfrac{\mathrm{d}y}{\mathrm{d}x}$.

6. 对数求导法则

对某些幂指函数或连续乘除函数求导时，可以先在 $y = f(x)$ 两边取自然对数转化为方程，再利用隐函数求导法则，可以简化求导运算.

7. 参数方程求导法则

由参数方程 $\begin{cases} x = \varphi(t) \\ y = \psi(t) \end{cases}$ 确定了函数 $y = f(x)$，若 $\varphi(t)$，$\psi(t)$ 可导，且 $\varphi'(t) \neq 0$，则

$$\frac{\mathrm{d}y}{\mathrm{d}x} = \frac{\psi'(t)}{\varphi'(t)}.$$

2.2.2　典型例题解析

(1) 掌握基本初等函数的导数公式、导数的四则运算法则.

(2) 掌握复合函数的求导法则.

(3) 会求抽象的复合函数导数的方法.

例 2.2.1　求下列各函数的导数.

(1) $y = \sqrt{x\sqrt{x^3}}$

(2) $y = 2\sin x + 3^x - \ln 2$

(3) $y = x\sec x + \mathrm{e}^x \arcsin x$

(4) $y = (a\ln x + x\ln a)(b\sin x + x\sin b) \quad (a > 0)$

分析　利用基本求导公式及导数的四则运算法则可求得.

解：(1) $y = \sqrt{x\sqrt{x^3}} = x^{\frac{1}{2} + \frac{3}{4}} = x^{\frac{5}{4}}$

$$y' = \left(x^{\frac{5}{4}}\right)' = \frac{5}{4}x^{\frac{5}{4}-1} = \frac{5}{4}x^{\frac{1}{4}}$$

(2) $y' = (2\sin x)' + (3^x)' - (\ln 2)'$

$y' = 2\cos x + 3^x \ln 3 - 0$

(3) $y = (x\sec x)' + (e^x \arcsin x)'$

$$= (x)'\sec x + x(\sec x)' + (e^x)'\arcsin x + e^x(\arcsin x)'$$

$$= \sec x + x\sec x\tan x + e^x \arcsin x + \frac{e^x}{\sqrt{1-x^2}}$$

(4) $y = (a\ln x + x\ln a)(b\sin x + x\sin b) \quad (a > 0)$

$$= (a\ln x + x\ln a)'(b\sin x + x\sin b) + (a\ln x + x\ln a)(b\sin x + x\sin b)'$$

$$= \left(\frac{x}{a} + \ln a\right)(b\sin x + x\sin b) + (a\ln x + x\ln a)(b\cos x + \sin b)$$

例 2.2.2 设 $y = \arctan\sqrt{\dfrac{1-x}{1+x}}$ ，求 y' .

分析 复合函数求导， $y = \arctan u$ ， $u = \sqrt{v}$ ， $v = \dfrac{1-x}{1+x}$.

解： $\dfrac{dy}{dx} = \dfrac{dy}{du} \cdot \dfrac{du}{dv} \cdot \dfrac{dv}{dx}$

$$= \frac{1}{1+u^2} \cdot \frac{1}{2\sqrt{v}} \cdot \frac{-(1+x)-(1-x)}{(1+x)^2}$$

$$= \frac{-1}{2\sqrt{1-x^2}} .$$

2.2.3 课后练习题

习题 2.2 (基础训练)

1. 求下列函数的导数.

(1) $y = \dfrac{x\sqrt[3]{x^2}}{\sqrt{x^3}}$ ；

(2) $y = \dfrac{1+\sin x}{\cos x}$ ；

(3)　$y = \mathrm{e}^x \ln x - \dfrac{\mathrm{e}^x}{x}$；

(4)　$y = \log_2 x + \log_x 2 + \ln \sqrt{\dfrac{x}{2}}$；

(5)　$y = (\sqrt{x} + \arcsin x)\left(\dfrac{1}{\sqrt{x}} - a^x\right)$.

2. 求下列函数的导数.

(1)　$y = \mathrm{e}^{x^2 + x}$；

(2)　$y = \tan(2x + 1)$；

(3)　$y = \cot^2 x$；

(4)　$y = \arccos x^2$；

(5)　$y = \sqrt{a^2 - x^2}$.

3. 求下列函数的导数.

(1) $y = \left(\arctan \dfrac{x}{2} \right)^2$;

(2) $y = \ln \cot (2x + 1)$;

(3) $y = \sqrt{1 + \ln^2 x}$;

(4) $y = \sin \sqrt{\dfrac{1-x}{1+x}}$;

(5) $y = \dfrac{\cos x^2}{\cos^2 x}$.

习题 2.2 (能力提升)

1. 设 $f(x)$ 是可导函数，且 $f(x) > 0$ ，求下列函数的导数.

(1) $y = \ln(f(2x))$;

(2) $y = f^2(e^x)$;

(3) $y = \sqrt{f(a^x)}$;

(4) $y = f(x^2 + f(x^2))$;

(5) $y = f(\sin x) + \sin f(x) + f(\sin f(x))$.

2. 设函数 $f(x)$ 和 $g(x)$ 可导，且 $f^2(x) + g^2(x) \neq 0$ ，试求函数 $y = \sqrt{f^2(x) + g^2(x)}$ 的导数.

2.3 高 阶 导 数

2.3.1 重要知识点

1. 定义

函数 $y = f(x)$ 的导数 $y' = f'(x)$ 仍然是 x 的函数.我们把 $y' = f'(x)$ 的导数叫作函数 $y = f(x)$ 的二阶导数，记作 y'' 或 $\dfrac{\mathrm{d}^2 y}{\mathrm{d} x^2}$ ，即

$$y'' = (y')' \text{ 或 } \frac{\mathrm{d}^2 y}{\mathrm{d} x^2} = \frac{\mathrm{d}}{\mathrm{d} x}\left(\frac{\mathrm{d} y}{\mathrm{d} x}\right).$$

相应地, 把 $y = f(x)$ 的导数 $f'(x)$ 叫作函数 $y = f(x)$ 的一阶导数.

类似地, 二阶导数的导数, 叫作三阶导数, 三阶导数的导数叫作四阶导数, ……一般地, $(n-1)$ 阶导数的导数叫作 n 阶导数, 分别记作

$$y''', y^{(4)}, \cdots, y^{(n)}$$

或

$$\frac{\mathrm{d}^3 y}{\mathrm{d}x^3}, \frac{\mathrm{d}^4 y}{\mathrm{d}x^4}, \cdots, \frac{\mathrm{d}^n y}{\mathrm{d}x^n}.$$

函数 $y = f(x)$ 具有 n 阶导数, 也常说成函数 $f(x)$ 为 n 阶可导.如果函数 $f(x)$ 在点 x 处具有 n 阶导数, 那么 $f(x)$ 在点 x 的某一邻域内必定具有一切低于 n 阶的导数.二阶及二阶以上的导数统称高阶导数.

2. 莱布尼茨公式

如果函数 $u = u(x)$ 及 $v = v(x)$ 都在点 x 处具有 n 阶导数, 那么显然 $u(x) + v(x)$ 及 $u(x) - v(x)$ 也在点 x 处具有 n 阶导数, 且

$$(u \pm v)^{(n)} = u^{(n)} \pm v^{(n)}.$$

但乘积 $u(x) \cdot v(x)$ 的 n 阶导数并不如此简单.由 $(uv)' = u'v + uv'$ 首先得出

$$(uv)'' = u''v + 2u'v' + uv'',$$
$$(uv)''' = u'''v + 3u''v' + 3u'v'' + uv'''.$$

用数学归纳法可以证明

$$(uv)^{(n)} = u^{(n)}v + nu^{(n-1)}v' + \frac{n(n-1)}{2!}u^{(n-2)}v'' + \cdots +$$
$$\frac{n(n-1)\cdots(n-k+1)}{k!}u^{(n-k)}v^{(k)} + \cdots + uv^{(n)}.$$

上式为莱布尼茨(Leibniz)公式. 该公式可以这样记忆: 把 $(u+v)^n$ 按二项式定理展开, 写成

$$(u+v)^n = u^n v^0 + nu^{n-1}v^1 + \frac{n(n-1)}{2!}u^{n-2}v^2 + \cdots + u^0 v^n,$$

即

$$(u+v)^n = \sum_{k=0}^{n} C_n^k u^{n-k} v^k,$$

然后把 k 次幂换成 k 阶导数(零阶导数理解为函数本身), 再把左端的 $u+v$ 换成 uv, 这样就得到莱布尼茨公式:

$$(uv)^{(n)} = \sum_{k=0}^{n} C_n^k u^{(n-k)} v^{(k)}$$

2.3.2 典型例题解析

例 2.3.1 设 $f(x) = 3x^3 + x^2|x|$, 则使 $f^{(n)}(0)$ 存在的最高阶 n 为( ).

    A. 0   B. 1   C. 2   D. 3

分析 此题关键是讨论 $x^2|x|$ 在 0 点有几阶导数, 需用定义去讨论.

解：应选 C. 用逐阶计算法验证，因为和的导数等于导数的和，而 $3x^3$ 任意阶可导，可令 $y = x^2 |x|$，由求导公式和定义有：

$$y = \begin{cases} x^3, & x \geqslant 0, \\ -x^3, & x < 0; \end{cases} \qquad y' = \begin{cases} 3x^2, & x > 0, \\ -3x^2, & x < 0, \\ 0, & x = 0; \end{cases}$$

$$y'' = \begin{cases} 6x & x > 0 \\ -6x & x < 0 \\ 0 & x = 0 \end{cases}$$

已知函数 $y = |x|$ 在 $x = 0$ 点处不可导，所以 $y'' = |6x|$ 在 $x = 0$ 点处不存在，即得 $n = 2$.

例 2.3.2　$y = x^2 e^{2x}$，求 $y^{(20)}$.

分析　应用莱布尼茨公式求此类问题.

解：设 $u = e^{2x}$，$v = x^2$，则 $u^{(k)} = 2^k e^{2x}$　$(k = 1,2,\cdots,20)$，

$v' = 2x$，$v'' = 2$，$v^{(k)} = 0$　$(k = 3,4,\cdots,20)$，代入莱布尼茨公式，得

$$y^{(20)} = (x^2 e^{2x})^{(20)}$$

$$= 2^{20} e^{2x} \cdot x^2 + 20 \cdot 2^{19} e^{2x} \cdot 2x + \frac{20 \cdot 19}{2!} 2^{18} e^{2x} \cdot 2$$

$$= 2^{20} e^{2x} (x^2 + 20x + 95).$$

2.3.3　课后练习题

习题 2.3 (基础训练)

1. 求下列函数的二阶导数.

(1)　$y = e^{-\frac{x^2}{2}}$；

(2)　$y = \arcsin x$；

(3)　$y = \dfrac{1-x}{1+x}$；

(4)　$y = \sin^2 x$；

(5)　$y = \ln(x + \sqrt{x^2 + a^2})$.

2. 求下列函数的 n 阶导数.

(1) $y = \mathrm{e}^{ax+b}$ (a, b 为常数);

(2) $y = a^x$ ($a > 0$, $a \neq 1$ 为常数);

(3) $y = x\mathrm{e}^x$;　　　　　　　　　(4) $y = \ln(1-x)$;

(5) $y = x^n + a_1 x^{n-1} + \cdots + a_{n-1} x + a_n$ ($a_1, a_2, \cdots, a_n$ 都是常数).

3. 求下列函数的高阶导数.

(1) $f(x) = \dfrac{\mathrm{e}^x}{x}$, 求 $f''(2)$;

(2) $f(x) = xe^{x^2}$，求 $f''(1)$；

(3) $f(x) = (x^3 + 1)^4$，求 $f'''(0)$；

(4) $y = x^2 e^{2x}$，求 $y^{(20)}$；

(5) $y = e^x \cos x$，求 $y^{(n)}$.

习题 2.3 (能力提升)

1. 设函数 $f(x) = (x-a)^2 \varphi(x)$，其中 $\varphi'(x)$ 在点 a 的邻域内连续，求 $f''(a)$.

2. 验证函数 $y = e^{\sqrt{x}} + e^{-\sqrt{x}}$ 满足方程 $xy'' + \dfrac{1}{2}y' - \dfrac{1}{4}y = 0$.

3. 试从 $\dfrac{\mathrm{d}x}{\mathrm{d}y} = \dfrac{1}{y'}$ 导出：

(1) $\dfrac{\mathrm{d}^2 x}{\mathrm{d}y^2} = -\dfrac{y''}{(y')^3}$ ；　　　　　　　　(2) $\dfrac{\mathrm{d}^3 x}{\mathrm{d}y^3} = \dfrac{3(y'')^2 - y'y'''}{(y')^5}$.

2.4　隐函数与参数方程所确定的函数的求导法则

2.4.1　重要知识点

1. 隐函数求导

(1) 方程两端同时对 x 求导数，注意把 y 当作复合函数求导的中间变量来看待，例如 $(\ln y)_x' = \dfrac{1}{y}y'$.

(2) 从求导后的方程中解出 y'.

(3) 隐函数求导允许其结果中含有 y.但求一点的导数时不但要把 x 值代进去，还要把对应的 y 值代进去.

2. 取对数求导法

幂指函数 $y = u(x)^{v(x)}$ 是没有求导公式的，我们可以通过方程两端取对数化幂指函数为隐函数，从而求出导数 y'.

3. 参数方程求导

若由参数方程 $\begin{cases} x = \varphi(t) \\ y = \psi(t) \end{cases}$ 确定了 y 是 x 的函数，就有

$$\frac{\mathrm{d}y}{\mathrm{d}x} = \frac{\mathrm{d}y}{\mathrm{d}t} \cdot \frac{\mathrm{d}t}{\mathrm{d}x} = \frac{\mathrm{d}y}{\mathrm{d}t} \cdot \frac{1}{\dfrac{\mathrm{d}x}{\mathrm{d}t}} = \frac{\psi'(t)}{\varphi'(t)},$$

即

$$\frac{\mathrm{d}y}{\mathrm{d}x} = \frac{\psi'(t)}{\varphi'(t)}.$$

上式也可写成

$$\frac{\mathrm{d}y}{\mathrm{d}x} = \frac{\dfrac{\mathrm{d}y}{\mathrm{d}t}}{\dfrac{\mathrm{d}x}{\mathrm{d}t}}.$$

如果 $x = \varphi(t)$，$y = \psi(t)$ 还是二阶可导的，由 $\dfrac{\mathrm{d}y}{\mathrm{d}x} = \dfrac{\psi'(t)}{\varphi'(t)}$ 还可导出 y 对 x 的二阶导数公式

$$\frac{\mathrm{d}^2 y}{\mathrm{d}x^2} = \frac{\mathrm{d}}{\mathrm{d}x}\left(\frac{\mathrm{d}y}{\mathrm{d}x}\right) = \frac{\mathrm{d}}{\mathrm{d}t}\left(\frac{\psi'(t)}{\varphi'(t)}\right) \cdot \frac{\mathrm{d}t}{\mathrm{d}x} = \frac{\psi''(t)\varphi'(t) - \psi'(t)\varphi''(t)}{\varphi^2(t)} \cdot \frac{1}{\varphi'(t)},$$

即

$$\frac{\mathrm{d}^2 y}{\mathrm{d}x^2} = \frac{\psi''(t)\varphi'(t) - \psi'(t)\varphi''(t)}{\varphi^3(t)}.$$

2.4.2 典型例题解析

例 2.4.1 已知隐函数 $y = y(x)$ 由方程 $\sin y + x\mathrm{e}^y = 0$ 确定，求 $\mathrm{d}y$.

分析 用两边求导法，此时 y 是 x 的函数.

解：两边对 x 求导，得

$$y'\cos y + \mathrm{e}^y + x\mathrm{e}^y y' = 0$$

所以

$$y' = -\frac{\mathrm{e}^y}{\cos y + x\mathrm{e}^y}$$

$$\mathrm{d}y = -\frac{\mathrm{e}^y}{\cos y + x\mathrm{e}^y}\,\mathrm{d}x.$$

例 2.4.2 用对数求导法求 $y = \sqrt[5]{\dfrac{x-5}{\sqrt[5]{x^2+2}}}$ 的导数.

分析 用对数求导法则.

解：$y = \mathrm{e}^{\ln y} = \mathrm{e}^{\frac{1}{5}\left[\ln(x-5) - \frac{1}{5}\ln(x^2+2)\right]}$

$$y' = (\mathrm{e}^{\ln y})' = \mathrm{e}^{\frac{1}{5}\left[\ln(x-5) - \frac{1}{5}\ln(x^2+2)\right]} \cdot \left\{\frac{1}{5}\left[\ln(x-5) - \frac{1}{5}\ln(x^2+2)\right]\right\}'$$

$$y' = e^{\frac{1}{5}\left[\ln(x-5)-\frac{1}{5}\ln(x^2+2)\right]} \cdot \frac{1}{5}\left(\frac{1}{x-5} - \frac{1}{5}\frac{2x}{x^2+2}\right).$$

例 2.4.3　设 $\begin{cases} x = \ln\dfrac{t}{\pi}, \\ y = \sin t \end{cases}$，求 $\dfrac{dy}{dx}$.

分析　用参数方程求导公式 $\dfrac{dy}{dx} = \dfrac{\dfrac{dy}{dt}}{\dfrac{dx}{dt}}$.

解： $\dfrac{dy}{dx} = \dfrac{\dfrac{dy}{dt}}{\dfrac{dx}{dt}} = \dfrac{\cos t}{\dfrac{\pi}{t} \cdot \dfrac{1}{\pi}} = t\cos t$.

2.4.3　课后练习题

习题 2.4 (基础训练)

1. 求由下列方程所确定的隐函数 $y = f(x)$ 的导数 $\dfrac{dy}{dx}$.

(1)　$xy - e^x + e^y = 0$；

(2)　$\sqrt{x} + \sqrt{y} = 4$；

(3)　$y = \cos x + \dfrac{1}{2}\sin y$；

(4)　$x^2 y - e^{2x} = \sin y$；

(5) $xy = e^{x+y}$.

2. 求椭圆 $\dfrac{x^2}{4} + \dfrac{y^2}{16} = 1$ 在点 $(\sqrt{2}, 2\sqrt{2})$ 处的切线方程.

3. 用对数求导法则求下列函数的导数.

(1) $y = (x^2 + 1)^3 (x + 2)^2 x^6$;　　　　　　(2) $y = \dfrac{\sqrt{x+2}(3-x)^4}{(x+1)^5}$;

(3) $y = \dfrac{\sqrt[3]{3x-2}(2x^2+1)e^{\sin x}}{(x^3+2)^2}$;　　　　(4) $y = x^{(1+\cos x)}$;

(5) $y^x = x^y$.

4. 求由下列参数方程所确定的函数 $y = f(x)$ 的导数 $\dfrac{\mathrm{d}y}{\mathrm{d}x}$.

(1) $\begin{cases} x = a\cos t \\ y = at\sin t \end{cases}$; 　　　　　　(2) $\begin{cases} x = a\cos^3 t \\ y = a\sin^3 t \end{cases}$;

(3) $\begin{cases} x = 1 - t^3 \\ y = t - t^3 \end{cases}$; 　　　　　　(4) $\begin{cases} x = \ln(1 + t^2) \\ y = t - \arctan t \end{cases}$;

(5) $\begin{cases} x = \ln\sin t \\ y = \cos t + t\sin t \end{cases}$.

5. 求曲线 $\begin{cases} x = 2\mathrm{e}^t \\ y = \mathrm{e}^{-t} \end{cases}$ 在点 $t = 0$ 处的切线方程和法线方程.

习题 2.4 (能力提升)

1. 求函数 $y = x^{x^x}$ 的导数 $\dfrac{\mathrm{d}y}{\mathrm{d}x}$.

2. 设方程 $\sqrt[x]{y} = \sqrt[y]{x}$ ($x > 0$, $y > 0$) 确定了函数 $y = y(x)$，求 $\dfrac{\mathrm{d}^2 y}{\mathrm{d}x^2}$.

3. 设 $y = y(x)$ 是由方程 $\begin{cases} x = 3t^2 + 2t + 3 \\ \mathrm{e}^y \sin t - y + 1 = 0 \end{cases}$ 确定的，试求 $\dfrac{\mathrm{d}^2 y}{\mathrm{d}x^2}\Big|_{t=0}$.

4. 设 $\begin{cases} x = f'(t) \\ y = tf'(t) - f(t) \end{cases}$，其中 $f(t)$ 二阶可导且 $f''(t) \neq 0$，求 $\dfrac{\mathrm{d}^2 y}{\mathrm{d}x^2}$.

2.5　函数的微分

2.5.1　重要知识点

1. 定义

设函数 $y = f(x)$ 在某区间内有定义，$x_0 + \Delta x$ 及 x_0 在这区间内，如果函数的增量 $\Delta y = f(x_0 + \Delta x) - f(x_0)$ 可表示为

$$\Delta y = A\Delta x + o(\Delta x),$$

其中，A 是不依赖于 Δx 的常数，而 $o(\Delta x)$ 是比 Δx 高阶的无穷小，那么称函数 $y = f(x)$ 在点 x_0 是可微的，而 $A\Delta x$ 叫作函数 $y = f(x)$ 在点 x_0 相应于自变量增量 Δx 的微分，记作 $\mathrm{d}y$，即 $\mathrm{d}y = A\Delta x$.

2. 微分的几何意义

在直角坐标系中，函数 $y = f(x)$ 的图形是一条曲线.对于某一固定的 x_0 值，曲线上有一个确定点 $M(x_0,\ y_0)$，当自变量 x 有微小增量 Δx 时，就得到曲线上另一点 $N(x_0 + \Delta x,\ y_0 + \Delta y)$. 从图 2-1 可知

$$MQ = \Delta x,$$
$$QN = \Delta y.$$

过 M 点作曲线的切线，它的倾角为 α，则

$$QP = MQ \cdot \tan\alpha = \Delta x \cdot f'(x_0),$$

即

$$\mathrm{d}y = QP.$$

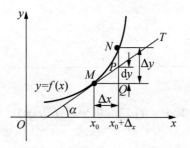

图 2-1

3. 函数 $f(x)$ 在点 x_0 处可微的充分必要条件是函数 $f(x)$ 在点 x_0 处可导，且当 $f(x)$ 在点 x_0 处可微时，其微分一定是 $\mathrm{d}y = f'(x_0)\Delta x$.

2.5.2 典型例题解析

例 2.5.1 求 $y = \mathrm{e}^{-x} \cos(3-x)$ 的微分 $\mathrm{d}y$.

分析 考察公式 $\mathrm{d}y = f'(x)\mathrm{d}x$.

解： $y' = (\mathrm{e}^{-x})' \cos(3-x) + \mathrm{e}^{-x}[\cos(3-x)]'$

$\qquad = -\mathrm{e}^{-x} \cos(3-x) - \mathrm{e}^{-x} \sin(3-x)$

所以， $\mathrm{d}y = [-\mathrm{e}^{-x} \cos(3-x) - \mathrm{e}^{-x} \sin(3-x)]\mathrm{d}x$.

例 2.5.2 设 $\begin{cases} x = \ln \dfrac{t}{\pi} , \\ y = \sin t \end{cases}$ 则 $\mathrm{d}y\,|_{t=\pi} = $ _____ .

分析 用参数方程求导公式 $\dfrac{\mathrm{d}y}{\mathrm{d}x} = \dfrac{\dfrac{\mathrm{d}y}{\mathrm{d}t}}{\dfrac{\mathrm{d}x}{\mathrm{d}t}}$.

解： $\dfrac{\mathrm{d}y}{\mathrm{d}x} = \dfrac{\dfrac{\mathrm{d}y}{\mathrm{d}t}}{\dfrac{\mathrm{d}x}{\mathrm{d}t}} = \dfrac{\cos t}{\dfrac{\pi}{t} \cdot \dfrac{1}{\pi}} = t \cos t$

当 $t = \pi$ 时， $t \cos t = -\pi$ ，

则 $\mathrm{d}y = -\pi \mathrm{d}x$.

2.5.3 课后练习题

习题 2.5 (基础训练)

1. 设函数 $y = x^3$ ，计算在 $x = 2$ 处， Δx 分别等于 -0.1、0.01 时的增量 Δy 及微分 $\mathrm{d}y$.

2. 求下列函数的微分 $\mathrm{d}y$.

(1) $y = \dfrac{x}{1-x}$；

(2) $y = \ln \sin \dfrac{x}{2}$；

(3) $y = \mathrm{e}^{-x} \cos(3-x)$；

(4) $y = x^2 \mathrm{e}^{2x}$；

(5) $y = \tan^2(1+2x)$.

3. 求由方程 $y = 1 - \ln(x+y) + \mathrm{e}^y$ 所确定的隐函数 $y = f(x)$ 的微分 $\mathrm{d}y$.

4. 将适当的函数填入下列括号内，使等式成立.

(1)　d(　　　) = 3dx；　　　　　　(2)　d(　　　) = 5xdx；

(3)　d(　　　) = sin xdx；　　　　　(4)　d(　　　) = e^{-3x}dx；

(5)　d(　　　) = $\dfrac{1}{1+x}$dx.

5. 用微分求由参数方程 $\begin{cases} x = \dfrac{1}{t+1} \\ y = \dfrac{t}{(t+1)^2} \end{cases}$ 确定的函数 $y = y(x)$ 的一阶导数.

第3章 中值定理与导数的应用

本章知识导航：

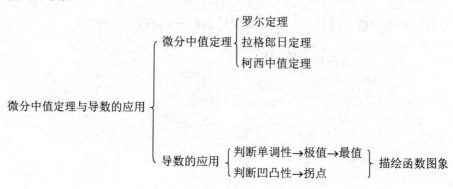

3.1 微分中值定理

3.1.1 重要知识点

1. 罗尔定理

如果函数 $f(x)$ 满足：

(1) 在闭区间 $[a,b]$ 上连续；

(2) 在开区间 (a,b) 内可导；

(3) $f(a) = f(b)$.

则在 (a,b) 内至少存在一点 ξ ，使 $f'(\xi) = 0$.

2. 拉格朗日中值定理

如果函数 $f(x)$ 满足：

(1) 在闭区间 $[a,b]$ 上连续；

(2) 在开区间 (a,b) 内可导.

则至少存在一点 $\xi \in (a,b)$ ，使得 $f'(\xi) = \dfrac{f(b) - f(a)}{b - a}$.

或 $f(b) - f(a) = f'(\xi)(b - a)$ ；或 $f(b) - f(a) = f'[a + \theta(b - a)](b - a)$ $(0 < \theta < 1)$.

推论 1 如果函数 $f(x)$ 在 $[a,b]$ 上连续，在 (a,b) 内可导且 $f'(x) \equiv 0$ ，则在 $[a,b]$ 上， $f(x) \equiv C$ (常数).

推论 2 若 $f(x)$, $g(x)$ 均在 $[a,b]$ 上连续，均在 (a,b) 内可导且 $f'(x) \equiv g'(x)$ ，则在

$[a,b]$ 上，$f(x) - g(x) \equiv C$（C 为常数）.

3. 柯西中值定理

若函数 $f(x)$ 和 $g(x)$ 满足：

(1) 均在闭区间 $[a,b]$ 上连续；

(2) 均在开区间 (a,b) 内可导，且 $g'(x) \neq 0$，

则至少存在一点 $\xi \in (a,b)$，使得 $\dfrac{f(b) - f(a)}{g(b) - g(a)} = \dfrac{f'(\xi)}{g'(\xi)}$.

注：罗尔定理是拉格朗日中值定理的特殊情况，拉格朗日中值定理是柯西中值定理的特殊情况.

3.1.2　典型例题解析

(1) 微分中值定理是用导数研究函数性态的理论基础、桥梁、中介.

(2) 本节的主要方法是利用逆向思维构造辅助函数，利用微分中值定理证明恒等式和简单不等式.

例 3.1.1　验证 $f(x) = \begin{cases} \dfrac{1}{2}(3 - x^2), & x \leqslant 1 \\ \dfrac{1}{x}, & x > 1 \end{cases}$，在 $[0,2]$ 上满足拉格朗日中值定理的条件，

并求定理中的 ξ 值.

分析　验证 $f(x)$ 在 $[0,2]$ 上连续，在 $(0,2)$ 内可导，然后根据拉格朗日中值公式 $f'(\xi) = \dfrac{f(2) - f(0)}{2 - 0}$，$\xi \in (0,2)$，解出 ξ.

证明：当 $x < 1$ 时，$f(x) = \dfrac{1}{2}(3 - x^2)$ 连续，$f'(x) = -x$ 存在；当 $x > 1$ 时，$f(x) = \dfrac{1}{x}$ 连续，$f'(x) = -\dfrac{1}{x^2}$ 存在；当 $x = 1$ 时，因为 $f(1-0) = f(1+0) = f(1) = 1$，所以 $f(x)$ 在点 $x = 1$ 处连续；又

$$f'_-(1) = \lim_{x \to 1^-} \frac{f(x) - f(1)}{x - 1} = \lim_{x \to 1^-} \frac{\dfrac{1}{2}(3 - x^2) - 1}{x - 1} = -1,$$

$$f'_+(1) = \lim_{x \to 1^+} \frac{f(x) - f(1)}{x - 1} = \lim_{x \to 1^-} \frac{\dfrac{1}{x} - 1}{x - 1} = -1.$$

所以，$f(x)$ 在点 $x = 1$ 处可导，且 $f'(1) = -1$.

综上所述，$f(x)$ 在 $(-\infty, +\infty)$ 内连续、可导. 当然在 $[0,2]$ 上连续，可导，满足拉格朗日中值定理的条件，因而存在 $\xi \in (0,2)$ 使

$$f'(\xi) = \frac{f(2) - f(0)}{2 - 0} = \frac{\frac{1}{2} - \frac{3}{2}}{2} = -\frac{1}{2}.$$

当 $0 < \xi \leqslant 1$ 时，$f'(\xi) = -\xi = -\frac{1}{2} \Rightarrow \xi = \frac{1}{2}$；

当 $1 < \xi < 2$ 时，$f'(\xi) = -\frac{1}{\xi^2} = -\frac{1}{2} \Rightarrow \xi = \sqrt{2}$.

故 ξ 为 $\frac{1}{2}$ 或 $\sqrt{2}$.

例 3.1.2　证明当 $|x| < \frac{1}{2}$ 时，$3\arccos x - \arccos(3x - 4x^3) = \pi$.

分析　欲证一个函数恒等于常数，利用拉格朗日定理的推论，只需证明此函数的导数恒等于零.

解：因为

$$[3\arccos x - \arccos(3x - 4x^3)]' = -\frac{3}{\sqrt{1 - x^2}} + \frac{3 - 12x^2}{\sqrt{1 - (3x - 4x^3)^2}}$$

$$= -\frac{3}{\sqrt{1 - x^2}} + \frac{3(1 - 4x^2)}{\sqrt{(1 - x^2)(1 - 4x^2)^2}}$$

$$= -\frac{3}{\sqrt{1 - x^2}} + \frac{3}{\sqrt{1 - x^2}} = 0 \qquad \left(|x| < \frac{1}{2}\right).$$

所以　　$3\arccos x - \arccos(3x - 4x^3) = c$　（常数）

令 $x = 0$，得 $c = \pi$.

故　$3\arccos x - \arccos(3x - 4x^3) = \pi$　$\left(|x| < \frac{1}{2}\right)$.

例 3.1.3　若 $a_1 - \frac{a_2}{3} + \frac{a_3}{5} - \frac{a_4}{7} + \cdots + (-1)^{n-1}\frac{a_n}{2n-1} = 0$，证明方程

$$a_1 \cos x + a_2 \cos 3x + a_3 \cos 5x + \cdots + a_n \cos(2n-1)x = 0$$

在 $\left(0, \frac{\pi}{2}\right)$ 内至少有一根个.

分析　证明方程有根的问题，有两种方法，一种是利用零点存在定理；另一种是利用罗尔中值定理. 若方程 $f(x) = 0$ 中的 $f(x)$ 是某函数 $F(x)$ 的导数，则方程变为 $F'(x) = 0$，即要证 $F(x)$ 有一个导数为零的点. 这只要证明 $F(x)$ 在所给区间上满足罗尔定理的条件即可. 本题中方程左端的函数

$$f(x) = a_1 \cos x + a_2 \cos 3x + a_3 \cos 5x + \cdots + a_n \cos(2n-1)x$$

$$= (a_1 \sin x)' + \left(\frac{1}{3}a_2 \sin 3x\right)' + \left(\frac{1}{5}a_3 \sin 5x\right)' + \cdots + \left[\frac{1}{2n-1}a_n \sin(2n-1)x\right]'$$

$$= \left[a_1 \sin x + \frac{1}{3}a_2 \sin 3x + \frac{1}{5}a_3 \sin 5x + \cdots + \frac{1}{2n-1}a_n \sin(2n-1)x\right]'.$$

因此，本题相当于要证明函数

$$F(x) = a_1 \sin x + \frac{1}{3} a_2 \sin 3x + \frac{1}{5} a_3 \sin 5x + \cdots + \frac{1}{2n-1} a_n \sin(2n-1)x$$

在区间 $\left(0, \frac{\pi}{2}\right)$ 内有一个导数为零的点.

证明：作辅助函数

$$F(x) = a_1 \sin x + \frac{1}{3} a_2 \sin 3x + \frac{1}{5} a_3 \sin 5x + \cdots + \frac{1}{2n-1} a_n \sin(2n-1)x ,$$

则 $F'(x) = a_1 \cos x + a_2 \cos 3x + a_3 \cos 5x + \cdots + a_n \cos(2n-1)x$ ，

$F(x)$ 在 $\left[0, \frac{\pi}{2}\right]$ 上连续，在 $\left(0, \frac{\pi}{2}\right)$ 内可导，且

$$f(0) = 0 , \quad f\left(\frac{\pi}{2}\right) = a_1 - \frac{a_2}{3} + \frac{a_3}{5} - \frac{a_4}{7} + \cdots + (-1)^{n-1} \frac{a_n}{2n-1} = 0 .$$

由罗尔定理，$\exists \xi \in \left(0, \frac{\pi}{2}\right)$，使 $F'(\xi) = 0$.

即 $a_1 \cos \xi + a_2 \cos 3\xi + a_3 \cos 5\xi + \cdots + a_n \cos(2n-1)\xi = 0$ ，故原方程在 $\left(0, \frac{\pi}{2}\right)$ 内至少有一个根.

例 3.1.4　设 $f(x)$ 在 $[1,2]$ 连续，在 $(1,2)$ 内可导，且 $f(1) = \frac{1}{2}$，$f(2) = 2$，证明存在 $\xi \in (1,2)$，使得 $f'(\xi) = \frac{2f(\xi)}{\xi}$.

分析　欲证结论：至少存在一点 $\xi \in (a,b)$，使含 $a,b,f(a),f(b),\xi,f'(\xi),\cdots,f^{(n)}(\xi)$ 的等式 $\varphi[a,b,f(a),f(b),\xi,f'(\xi),\cdots,f^{(n)}(\xi)] = 0$，一般用"辅助函数法"，先将等式中的 ξ 换为 x，问题转化为要证函数 $\varphi[a,b,f(a),f(b),x,f'(x),\cdots,f^{(n)}(x)]$ 有一个零点 $\xi \in (a,b)$，然后再分析出 φ 是某个函数 $\Phi(x)$ 的导数，则问题转化为求证 $\Phi(x)$ 在 (a,b) 内有一个导数为零的点，只要验证 $\Phi(x)$ 在 $[a,b]$ 满足罗尔定理的条件即可. 本题构造辅助函数的思路如下：将要证等式化为 $\xi f'(\xi) - 2f(\xi) = 0$，将 ξ 换为 x，得 $xf'(x) - 2f(x) = 0$，两边同乘 x，得 $x^2 f'(x) - 2xf(x) = 0$，即 $x^2 f'(x) - (x^2)'f(x) = 0$. 根据商的求导公式，两边除以 x^4，得

$$\frac{x^2 f'(x) - (x^2)'f(x)}{(x^2)^2} = 0 . \quad 即 \left(\frac{f(x)}{x^2}\right)' = 0 .$$

由此问题最终转化为要证函数 $\frac{f(x)}{x^2}$ 在 $(1,2)$ 内有一个导数为零的点.

证明：作辅助函数 $\varphi(x) = \frac{f(x)}{x^2}$.

由条件可知 $\varphi(x)$ 在 $[1,2]$ 上连续，在 $(1,2)$ 内可导，$\varphi(1) = f(1) = \frac{1}{2}$，$\varphi(2) = \frac{f(2)}{4} = \frac{1}{2}$，$\varphi(1) = \varphi(2)$. 则在 $[1,2]$ 上满足罗尔定理的条件. 根据罗尔定理，至少存在一点 $\xi \in (1,2)$，使 $\varphi'(\xi) = 0$.

因 $\varphi'(x) = \dfrac{x^2 f'(x) - 2xf(x)}{x^4}$ ，所以 $\dfrac{\xi^2 f'(\xi) - 2\xi f(\xi)}{\xi^4} = 0$ ，$\xi^2 f'(\xi) = 2\xi f(\xi)$ ，即

$f'(\xi) = \dfrac{2f(\xi)}{\xi}$，$\xi \in (1,2)$．

3.1.3　课后练习题

习题 3.1(基础训练)

1. 验证下列函数在指定区间上是否满足罗尔定理的条件．

(1)　$f(x) = \sin x$，$[0, \pi]$；

(2)　$f(x) = |x|$，$[-1, 1]$；

(3)　$f(x) = \dfrac{1 + x^2}{x}$，$[-2, 2]$；

(4)　$f(x) = x^4$，$[-2, 2]$；

(5)　$f(x) = \dfrac{1}{x^2}$，$[-1, 1]$．

2. 不用求出函数 $f(x) = x(x-1)(x-2)(x-3)$ 的导数，说明方程 $f'(x) = 0$ 有几个实根，并指出各根所在的区间.

3. 若函数 $f(x)$ 在 $(a, +\infty)$ 内可导，且恒有 $f'(x) > 0$，且在点 a 处右连续. 用拉格朗日定理证明：当 $x > a$ 时，$f(x) > f(a)$.

4. 证明下列等式.

(1) 对任意 x，有 $\arctan x + \operatorname{arccot} x = \dfrac{\pi}{2}$；

(2) 当 $x \geqslant 1$ 时，有 $2\arctan x + \arcsin \dfrac{2x}{1+x^2} = \pi$.

5. 利用拉格朗日中值定理证明下列不等式.

(1) 当 $0 \leqslant x < \dfrac{\pi}{2}$ 时, 有 $x \leqslant \tan x$;

(2) 对任意的 x , 有 $|\cos x - 1| \leqslant |x|$;

(3) 当 $x > 1$ 时, 有 $\mathrm{e}^x > \mathrm{e}x$;

(4) 当 $a > b > 0$ 时, 有 $\dfrac{a-b}{a} < \ln \dfrac{a}{b} < \dfrac{a-b}{b}$;

(5) $|\arctan a - \arctan b| \leqslant |a - b|$.

习题 3.1(能力提升)

1. 已知函数 $f(x)$ 在 $[a,b]$ 上连续，在 (a,b) 内可导，且 $f(a) = f(b) = 0$. 证明：$\exists \xi \in (a,b)$ 使 $f'(\xi) + f(\xi) = 0$.

2. 设函数 $f(x)$ 在 $[a,b]$ 上连续，在 (a,b) 内可导，且 $f(a) = f(b) = 0$. 证明：$\exists \xi \in (a,b)$ 使 $f'(\xi) - f(\xi) = 0$.

3. $f(x) = \arcsin x$，$g(x) = \arctan \dfrac{x}{\sqrt{1-x^2}}$，$|x| < 1$，证明 $f(x) = g(x)$.

3.2　洛必达法则

3.2.1　重要知识点

洛必达法则　在 x 的某个变化过程中，如果极限 $\lim\dfrac{f(x)}{g(x)}$ 满足：

(1) 它是 $\dfrac{0}{0}$ 型或 $\dfrac{\infty}{\infty}$ 型的未定式；

(2) 在某时刻之后，$f(x)$ 与 $g(x)$ 均可导，且 $g'(x)\neq 0$；

(3) $\lim\dfrac{f(x)}{g(x)}=A$（或 ∞）.

则必有 $\lim\dfrac{f(x)}{g(x)}=\lim\dfrac{f'(x)}{g'(x)}=A$（或 ∞）.

洛必达法则是求未定式极限的有力工具. 未定式共有 7 种：$\dfrac{0}{0}$ 型、$\dfrac{\infty}{\infty}$ 型、$0\cdot\infty$ 型、$\infty-\infty$ 型、1^{∞} 型、0^{0} 型和 ∞^{0} 型.

3.2.2　典型例题解析

(1) $\dfrac{0}{0}$ 型和 $\dfrac{\infty}{\infty}$ 型可直接用洛必达法则计算，其他 5 种未定式可转化为 $\dfrac{0}{0}$ 型或 $\dfrac{\infty}{\infty}$ 型. 转化方法是：

$0\cdot\infty$ 型和 $\infty-\infty$ 型变形为分式，此分式一般是 $\dfrac{0}{0}$ 型和 $\dfrac{\infty}{\infty}$ 型；1^{∞} 型、0^{0} 型和 ∞^{0} 型用对数恒等式化为 $0\cdot\infty$ 型：$\lim f(x)^{g(x)}=\mathrm{e}^{\lim g(x)\ln f(x)}$ $(0\cdot\infty)$.

(2) 1^{∞} 型还可化为：$\lim f(x)^{g(x)}=\mathrm{e}^{\lim g(x)[f(x)-1]}$，然后再将 $0\cdot\infty$ 型化为 $\dfrac{0}{0}$ 型或 $\dfrac{\infty}{\infty}$ 型，再用罗比达法.

(3) 利用洛必达法则时要注意定理的条件，特别是条件(3)容易遗漏.

例 3.2.1　求下列极限：

(1) $\lim\limits_{x\to 0}\dfrac{\cos(\sin x)-\cos x}{x^{4}}$；

(2) $\lim\limits_{x\to 0}\left(\dfrac{1}{x^{2}}-\cot^{2}x\right)$；

(3) 设 $f(x)$ 在点 $x=0$ 的某个邻域内有连续的二阶导数，且 $\lim\limits_{x\to 0}\left[1+x+\dfrac{f(x)}{x}\right]^{\frac{1}{x}}=\mathrm{e}^{3}$，求极限 $\lim\limits_{x\to 0}\left[1+\dfrac{f(x)}{x}\right]^{\frac{1}{x}}$ 及 $f''(0)$；

(4) $\lim\limits_{x \to +\infty} x^2 [\ln \arctan(x+1) - \ln \arctan x]$.

解：(1) 属于 $\dfrac{0}{0}$ 型. 若直接用洛必达法则计算较繁，主要是 $\cos(\sin x)$ 的高阶导数较

繁，可先用和差化积公式，再用等价无穷小量代换和极限运算法则简化，之后再用洛必达

法则.

$$
\begin{aligned}
原式 &= \lim_{x \to 0} \frac{-2\sin\dfrac{\sin x + x}{2}\sin\dfrac{\sin x - x}{2}}{x^4} \\
&= -\frac{1}{2}\lim_{x \to 0}\frac{(\sin x + x)(\sin x - x)}{x^4} \\
&= -\frac{1}{2}\lim_{x \to 0}\frac{\sin x + x}{x}\cdot\lim_{x \to 0}\frac{\sin x - x}{x^3} \\
&= -\frac{1}{2}\lim_{x \to 0}\left(\frac{\sin x}{x}+1\right)\cdot\lim_{x \to 0}\frac{\cos x - 1}{3x^2} \\
&= -\frac{1}{2}\cdot 2\cdot\lim_{x \to 0}\frac{-\dfrac{1}{2}x^2}{3x^2} = \frac{1}{6}.
\end{aligned}
$$

(2) 属于 $\infty - \infty$ 型，通分化为分式.

$$
\begin{aligned}
原式 &= \lim_{x \to 0}\left(\frac{1}{x^2}-\frac{1}{\tan^2 x}\right) = \lim_{x \to 0}\frac{\tan^2 x - x^2}{x^2 \tan^2 x} \\
&= \lim_{x \to 0}\frac{\tan^2 x - x^2}{x^4} = \lim_{x \to 0}\frac{(\tan x + x)(\tan x - x)}{x^4} \\
&= \lim_{x \to 0}\frac{\tan x + x}{x}\cdot\lim_{x \to 0}\frac{\tan x - x}{x^3} = \lim_{x \to 0}\left(\frac{\tan x}{x}+1\right)\cdot\lim_{x \to 0}\frac{\sec^2 x - 1}{3x^2} \\
&= 2\cdot\lim_{x \to 0}\frac{\tan^2 x}{3x^2} = 2\lim_{x \to 0}\frac{x^2}{3x^2} = \frac{2}{3}.
\end{aligned}
$$

(3) 条件中的极限和要求的极限均属于 1^∞ 型，由

$$
\lim_{x \to 0}\left[1+x+\frac{f(x)}{x}\right]^{\frac{1}{x}} = \mathrm{e}^{\lim\limits_{x \to 0}\frac{1}{x}\left[x+\frac{f(x)}{x}\right]} = \mathrm{e}^{\lim\limits_{x \to 0}\left[1+\frac{f(x)}{x^2}\right]} = \mathrm{e}^3, \quad 可得出 \lim_{x \to 0}\frac{f(x)}{x^2}=2, \quad 从而：
$$

$$
\lim_{x \to 0}\left[1+\frac{f(x)}{x}\right]^{\frac{1}{x}} = \mathrm{e}^{\lim\limits_{x \to 0}\frac{f(x)}{x^2}} = \mathrm{e}^2,
$$

由 $2 = \lim\limits_{x \to 0}\dfrac{f(x)}{x^2} = \lim\limits_{x \to 0}\dfrac{f'(x)}{2x} = \lim\limits_{x \to 0}\dfrac{f''(x)}{2} = \dfrac{f''(0)}{2}$，得 $f''(0) = 4$.

(4) 本题属于 $0 \cdot \infty$ 型，若化为

$$
\lim_{x \to +\infty}\frac{\ln \arctan(x+1) - \ln \arctan x}{\dfrac{1}{x^2}} \qquad \left(\dfrac{0}{0}型\right)
$$

然后从这里直接用罗比达法则，则计算很繁，下面提供两种解法：

解法 1：　原式 $= \lim\limits_{x \to +\infty} x^2 \ln \dfrac{\arctan(x+1)}{\arctan x}$

$$= \lim_{x \to +\infty} x^2 \ln\left[1 + \left(\dfrac{\arctan(x+1)}{\arctan x} - 1\right)\right]$$

$$= \lim_{x \to +\infty} x^2 \left(\dfrac{\arctan(x+1)}{\arctan x} - 1\right)$$

$$= \lim_{x \to +\infty} x^2 \cdot \dfrac{\arctan(x+1) - \arctan x}{\arctan x}$$

$$= \dfrac{2}{\pi} \lim_{x \to +\infty} \dfrac{\arctan(x+1) - \arctan x}{\dfrac{1}{x^2}}$$

$$= \dfrac{2}{\pi} \lim_{x \to +\infty} \dfrac{\dfrac{1}{1+(x+1)^2} - \dfrac{1}{1+x^2}}{-\dfrac{2}{x^3}}$$

$$= \dfrac{2}{\pi} \lim_{x \to +\infty} \dfrac{(2x+1)x^3}{2[1+(x+1)^2](1+x^2)} = \dfrac{2}{\pi} \cdot 1 = \dfrac{2}{\pi}.$$

解法 2： 对函数 $f(t) = \ln \arctan t$ ，在 $[x, 1+x]$ 上应用拉格朗日中值定理，得 $f(1+x) - f(x) = f'(\xi_x) \cdot 1 \quad (x < \xi_x < 1+x)$. 即

$\ln \arctan(1+x) - \ln \arctan x = \dfrac{1}{\arctan \xi_x \cdot (1+\xi_x^2)}$. 则

原式 $= \lim\limits_{x \to +\infty} x^2 \dfrac{1}{\arctan \xi_x \cdot (1+\xi_x^2)} = \lim\limits_{x \to +\infty} \dfrac{x^2}{1+\xi_x^2} \dfrac{1}{\arctan \xi_x}$.

由于 $x < \xi_x < 1+x$ ，　$\dfrac{x^2}{1+(1+x)^2} < \dfrac{x^2}{1+\xi_x^2} < \dfrac{x^2}{1+x^2}$ ，

且当 $x \to +\infty$ 时，$\xi_x \to +\infty$ ，而 $\lim\limits_{x \to +\infty} \dfrac{x^2}{1+(1+x)^2} = 1$ ，$\lim\limits_{x \to +\infty} \dfrac{x^2}{1+x^2} = 1$ ，所以 $\lim\limits_{x \to +\infty} \dfrac{x^2}{1+\xi_x^2} = 1$ ，

$\lim\limits_{x \to +\infty} \dfrac{1}{\arctan \xi_x} = \dfrac{2}{\pi}$.

故原式 $= \dfrac{2}{\pi}$.

3.2.3　课后练习题

习题 3.2(基础训练)

利用洛必达法则求下列极限.

(1) $\lim\limits_{x \to 1} \dfrac{\sqrt{x}-1}{\sqrt[3]{x}-1}$;

(2) $\lim\limits_{x \to 1} \dfrac{x^3 - 3x + 2}{x^3 - x^2 - x + 1}$;

(3) $\lim\limits_{x \to 0} \dfrac{\tan x - x}{x - \sin x}$;

(4) $\lim\limits_{x \to 0} \dfrac{e^x - \cos x}{x \sin x}$;

(5) $\lim\limits_{x \to 0^+} \dfrac{\ln \sin x}{\ln x}$;

(6) $\lim\limits_{x \to +\infty} \dfrac{\ln(1 + e^x)}{\sqrt{1 + x^2}}$;

(7) $\lim\limits_{x \to 0} \left(\dfrac{1}{x} - \dfrac{1}{e^x - 1} \right)$;

(8) $\lim\limits_{x \to 0^+} \tan x \ln x$;

(9) $\lim\limits_{x \to 0}(1-\cos x)^x$;

(10) $\lim\limits_{x \to 0^+}\left(1+\dfrac{1}{x}\right)^x$;

(11) $\lim\limits_{x \to 1} x^{\frac{1}{1-x}}$.

习题 3.2(能力提升)

利用洛必达法则求下列极限.

(1) $\lim\limits_{x \to 0}\dfrac{(1-\cos x)^2 \sin x^2}{x^6}$;

(2) $\lim\limits_{x \to \infty}\dfrac{\sin\dfrac{1}{x}}{\ln\left(1+\dfrac{1}{x}\right)}$;

(3) $\lim\limits_{x \to 0}\dfrac{e^x - e^{-x} - 2x}{x - \sin x}$;

(4) $\lim\limits_{x \to 0}\dfrac{x - \arcsin x}{x^2 \sin x}$;

(5) $\lim\limits_{x\to\frac{\pi}{2}^-}\dfrac{\ln\cos x}{\tan x}$;

(6) $\lim\limits_{x\to 0^+}\dfrac{\ln x}{\csc x}$;

(7) $\lim\limits_{x\to 0}\left(\csc x-\dfrac{1}{x}\right)$;

(8) $\lim\limits_{x\to 0^+}x^a\ln x$,　$(a>0)$;

(9) $\lim\limits_{x\to 0^+}(\arcsin x)^{\tan x}$;

(10) $\lim\limits_{x\to\frac{\pi}{2}^-}(\tan x)^{\cos x}$;

(11) $\lim\limits_{x\to\frac{\pi}{4}}(\tan x)^{\tan 2x}$.

3.3　泰　勒　公　式

3.3.1　重要知识点

1. 泰勒(Taylor)多项式与泰勒余项

对一般的函数 $f(x)$，如果 $f(x)$ 在 $x = x_0$ 处有 n 阶导数，总可以得到如下多项式函数：

$$p_n(x) = f(x_0) + \frac{f'(x_0)}{1!}(x - x_0) + \cdots + \frac{f^{(k)}(x_0)}{k!}(x - x_0)^k + \cdots + \frac{f^{(n)}(x_0)}{n!}(x - x_0)^n$$

称为 $f(x)$ 在点 $x = x_0$ 处的 n 次泰勒(Taylor)多项式，$R_n(x) = f(x) - P_n(x)$ 称为泰勒余项.

2. 泰勒(Taylor)中值定理

若函数 $f(x)$ 在含有 x_0 的某个开区间 (a,b) 内具有直到 $n + 1$ 阶导数，则当 $x \in (a,b)$ 时，$f(x)$ 可以表示成

$$\begin{aligned} f(x) &= p_n(x) + R_n(x) \\ &= f(x_0) + f'(x_0)(x - x_0) + \frac{f(x_0)}{2!}(x - x_0)^2 \\ &\quad + \cdots + \frac{f^{(k)}(x_0)}{k!}(x - x_0)^k + \cdots + \frac{f^{(n)}(x_0)}{n!}(x - x_0)^n + R_n(x) \end{aligned}$$

其中，$R_n(x) = \dfrac{f^{(n+1)}(\xi)}{(n+1)!}(x - x_0)^{n+1}$ 称为拉格朗日型余项，此公式称为带拉格朗日型余项的泰勒公式，这里 ξ 是 x_0 与 x 之间的某个值.

当 $n = 0$ 时，泰勒公式变为

$$f(x) = f(x_0) + \frac{f^{(0+1)}(\xi)}{(0+1)!}(x - x_0)^{0+1} = f(x_0) + f'(\xi) \cdot (x - x_0),$$

这正是拉格朗日中值定理的形式.

对固定的 n，若 $\left| f^{(n+1)}(x) \right| \leqslant M$ ，$a < x < b$，有

$$\left| R_n(x) \right| \leqslant \frac{M}{(n+1)!} \cdot \left| x - x_0 \right|^{n+1}$$

此式可用作误差界的估计.

当 $x \to x_0$ 时，$\left| \dfrac{R_n(x)}{(x - x_0)^n} \right| \leqslant \dfrac{M}{(n+1)!} \cdot \left| x - x_0 \right| \to 0$

因而 $R_n(x) = o[(x - x_0)^n]$，表明误差 $R_n(x)$ 是当 $x \to x_0$ 时较 $(x - x_0)^n$ 的高阶无穷小，若泰勒公式中余项表示成 $R_n(x) = o[(x - x_0)^n]$，称为带皮亚诺(Peano)型余项的泰勒公式.

若 $x_0 = 0$ ，则泰勒公式写成

$$f(x) = f(0) + \frac{f'(0)}{1!}x + \frac{f''(0)}{2!}x^2 + \cdots + \frac{f^{(n)}(0)}{n!}x^n + \frac{f^{(n+1)}(\xi)}{(n+1)!}x^{n+1}$$

其中，ξ 介于 0 与 x 之间，此公式称为麦克劳林(Macloarin)公式.

3.3.2　典型例题解析

(1) 用简单函数逼近复杂函数是常用的数学方法，泰勒公式给我们提供了用多项式逼近函数的一种方法，在理论上和应用中都有重要作用. 多项式只设计加、减、乘三种运算，适用于计算机运算，为研究和计算工作带来很大方便.

(2) 常见函数的泰勒公式必须要掌握，特别是余项，因为余项是误差分析的重要工具.

(3) 和微分在近似计算中的应用比较，泰勒公式在计算精度上又提高了一步，"从在局部以直代曲上升到以曲代曲".

例 3.3.1　求 $f(x) = \cos x$ 的 n 阶麦克劳林公式.

解：$f^{(k)}(x) = \cos\left(x + \frac{k\pi}{2}\right)$，　　$f^{(k)}(0) = \cos\frac{k\pi}{2}$　　$(k = 1, 2, \cdots)$

$f(0) = 1, f'(0) = 0, f''(0) = -1, f^{(3)}(0) = 0, f^{(4)}(0) = 1, \cdots$

它们的值依次取四个数值 $1, 0, -1, 0$. $f(x) = \cos x$ 的 $n(n = 2m)$ 阶麦克劳林公式为

$$\cos x = 1 - \frac{x^2}{2!} + \frac{x^4}{4!} - \cdots + (-1)^m \frac{x^{2m}}{(2m)!} + R_{2m+1}(x)$$

其中，$R_{2m+1}(x) = \dfrac{\cos\left[\theta \cdot x + (2m+2) \cdot \dfrac{\pi}{2}\right]}{(2m+2)!} \cdot x^{2m+2}$　$(0 < \theta < 1)$.

例 3.3.2　利用带有皮亚诺型余项的麦克劳林公式，求极限 $\lim\limits_{x\to 0}\dfrac{\sin x - x\cos x}{\sin^3 x}$.

解：由于 $\sin^3 x \sim x^3 (x \to 0)$，只需将分子中的 $\sin x$ 和 $x\cos x$ 分别用三阶带有皮亚诺型余项的麦克劳林公式表示，即

$$\sin x = x - \frac{x^3}{3!} + o(x^3) \qquad x\cos x = x - \frac{x^3}{2!} + o(x^3)$$

于是

$$\sin x - x\cos x = x - \frac{x^3}{3!} + o(x^3) - x - \frac{x^3}{2!} + o(x^3) = \frac{x^3}{3} + o(x^3)$$

对上式作运算时，把两个比 x^3 高阶的无穷小的代数和记为 $o(x^3)$，故

$$\lim_{x\to 0}\frac{\sin x - x\cos x}{\sin^3 x} = \frac{x^3}{3} + o(x^3) = \frac{1}{3}.$$

本例的解法就是用泰勒公式求极限的方法，这种方法的关键是确定展开的函数及展开的阶数.

3.3.3 课后练习题

习题 3.3(基础训练)

1. 求 $f(x) = x^4 - 2x^2 + 3x + 4$ 在 $x = 1$ 处的泰勒公式.

2. 按 $(x+1)$ 的幂展开多项式 $f(x) = x^5 - x^2 + 2x - 1$.

3. 求函数 $f(x) = e^{-x}$ 按 $(x-a)$ 的幂展开的六阶泰勒公式.

4. 导出下列带皮亚诺余项的麦克劳林公式:

(1) $\arcsin x = x + \dfrac{x^3}{6} + O(x^4)$;

(2) $\arctan x = x - \dfrac{x^3}{3} + O(x^4)$;

(3) $e^{\frac{x^2}{2}} = 1 + \frac{x^2}{2} + \frac{x^4}{8} + O(x^5)$.

习题 3.3(能力提升)

利用泰勒公式求下列极限.

(1) $\lim\limits_{x \to 0} \dfrac{\cos x - e^{\frac{x^2}{2}}}{x^4}$；

(2) $\lim\limits_{x \to 0} \dfrac{e^x \sin x - x(1+x)}{x^3}$.

3.4 函数的单调性与极值

3.4.1 重要知识点

1. 极值定义

设函数 $f(x)$ 在点 x_0 的某一邻域内有定义. 如果对该邻域内任一点 x ($x \neq x_0$) 都有 $f(x) < f(x_0)$ (或 $f(x) > f(x_0)$)，则称 $f(x_0)$ 是函数 $f(x)$ 的极大值(或极小值)，并称点 x_0 是函数 $f(x)$ 的极大值点(或极小值点). 极大值和极小值通称为函数的极值，极大值点和极小值点都叫作函数的极值点.

2. 单调性判别定理

设函数 $f(x)$ 在闭区间 $[a,b]$ 上连续，在开区间 (a,b) 内可导. 则 $f(x)$ 在 $[a,b]$ 上单调增加(单调减少) $\Leftrightarrow$ 在 (a,b) 内，$f'(x) \geqslant 0$ ($f'(x) \leqslant 0$).

若在 (a,b) 内恒有 $f'(x)>0$($f'(x)<0$),则 $f(x)$ 在 $[a,b]$ 上严格单调增加(严格单调减少).

(注:若在区间 I,恒有 $f'(x)\geqslant 0$($f'(x)\leqslant 0$),但等号仅在某些孤立点成立,则函数在 I 上仍为严格单调增加(严格单调减少)).

3. 极值存在的必要条件

如果函数 $f(x)$ 在点 x_0 处取得极值,则必有 $f'(x_0)=0$ 或 $f'(x_0)$ 不存在.

使 $f'(x_0)=0$ 的点 x_0 称为函数 $f(x)$ 的驻点. 必要条件说明,函数的极值点一定是驻点或不可导点. 但反之不成立,即驻点和不可导点不一定是极值点.

4. 极值存在的一阶充分条件

设函数 $f(x)$ 在点 x_0 的某去心邻域内可导,且在点 x_0 处连续.

(1) 如果在 x_0 的左半邻域内恒有 $f'(x_0)>0$,右半邻域内恒有 $f'(x_0)<0$,则 x_0 是 $f(x)$ 的极大值点;

(2) 如果在 x_0 的左半邻域内恒有 $f'(x_0)<0$,右半邻域内恒有 $f'(x_0)>0$,则 x_0 是 $f(x)$ 的极小值点;

(3) 如果在 x_0 的左、右两半邻域内导数 $f'(x)$ 的符号不变,则 x_0 不是 $f(x)$ 的极值点.

因此,求函数的单调区间和极值的一般方法(步骤)如下:

(1) 求导数 $f'(x)$,并求出 D_f 内的所有驻点和不可导点,即使 $f'(x)=0$ 的点和使 $f'(x)$ 无意义的点;

(2) 用上述各点将 D_f 分为若干子区间,并确定每个子区间内导数 $f'(x)$ 的符号;

(3) 根据增减性判别定理和极值的一阶充分条件定理,判别出增减区间和极值点,并计算极值点处的函数值而得到相应的极值.

5. 极值存在的第二阶充分条件

若 $f'(x_0)=0$,$f''(x_0)$ 存在,则

(1) 当 $f''(x_0)>0$ 时,x_0 为 $f(x)$ 的极小值点;

(2) 当 $f''(x_0)<0$ 时,x_0 为 $f(x)$ 的极大值点;

(3) 当 $f''(x_0)=0$ 时,x_0 是否为 $f(x)$ 的极值点都有可能,还需要另外的方法(比如第一充分条件或定义)判别.

6. 闭区间上连续函数的最值

如果函数 $f(x)$ 在闭区间 $[a,b]$ 上连续,由闭区间上连续函数的最值定理,$f(x)$ 在 $[a,b]$ 上取得最小值和最大值.

如图 3-1 所示,若在开区间 (a,b) 内部取得最值,那么最值一定也是函数的极值,在这些极值点处函数的导数为零或导数不存在。

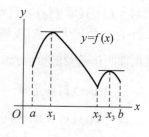

图 3-1

另外，函数的最值也可能会在区间的端点处取得.

综上得，函数取得最值的可疑点为

(1) 区间内的驻点；

(2) $f'(x)$ 不存在的点；

(3) 区间端点.

7. 非闭区间上函数的最值

对于非闭区间上定义的函数，它有可能存在最值，也有可能不存在最值.

探讨函数最值，可先求函数可能的极值点(驻点，导数不存在的点)，如果这些点是有限个，且函数在此区间上一定存在最大值或最小值，那么，最大值或最小值一定在这有限个点上取得，只要比较这有限个点的值即可确定最值.

8. 最值应用问题

利用求函数的最值来处理实际问题，有如下几个步骤：

(1) 据实际问题列出函数表达式及它的定义区间；

(2) 求出该函数在定义区间上的可能极值点(驻点和一阶导数不存在的点)；

(3) 通过比较，确定函数在可能极值点处是否取得最值.

(4) 当函数的最大值或最小值存在，而在定义区间上驻点是唯一的，则此唯一的驻点就是最大值或最小值点，驻点上的函数值就是所求的最值.

3.4.2　典型例题解析

(1) 要充分理解极值的局部性.

(2) 拐点是具有某种性质的曲线上的点.

(3) 闭区间 $[a,b]$ 上连续函数 $f(x)$ 的最大值和最小值的求法(步骤)：

① 求导数 $f'(x)$，并求出区间 (a,b) 内部的所有驻点和不可导点；

② 直接计算①中各点的函数值，并计算端点的函数值 $f(a)$ 和 $f(b)$；

③ 将②中的函数值进行比较，其中最大(小)者即为 $f(x)$ 在 $[a,b]$ 上的最大(小)值.

注：若某区间 I 上的连续函数只有一个极大(小)值，而无极小(大)值，则此极大(小)值就是函数在区间 I 上的最大(小)值.

例 3.4.1　求函数 $f(x) = \sqrt[3]{(2x-3)(3-x)^2}$ 的单调区间与极值.

解：$D_f = (-\infty, +\infty)$.

$$f'(x) = \frac{[(2x-3)(3-x)^2]'}{3\sqrt[3]{(2x-3)^2(3-x)^4}} = \frac{2(2-x)}{\sqrt[3]{(2x-3)^2(3-x)}}.$$

令 $f'(x) = 0$ 得驻点 $x = 2$，不可导点为 $x = \dfrac{3}{2}$，$x = 3$．

用这三个点把 $D_f = (-\infty, +\infty)$ 分为四个子区间，确定每个子区间内的导数符号如下表：

x	$\left(-\infty, \dfrac{3}{2}\right)$	$\dfrac{3}{2}$	$\left(\dfrac{3}{2}, 2\right)$	2	$(2, 3)$	3	$(3, +\infty)$
$f'(x)$	$+$	不存在	$+$	0	$-$	不存在	$+$
$f(x)$	$\uparrow$	无极值	$\uparrow$	极大值 1	$\downarrow$	极小值 0	$\uparrow$

单调增加区间：$(-\infty, 2]$，$[3, +\infty)$；单调减少区间：$[2, 3]$．

极大值：$f(2) = 1$；极小值：$f(3) = 0$．

例 3.4.2　当 $x > 0$ 时，证明不等式：$\ln(1+x) < x - \dfrac{x^2}{2} + \dfrac{x^3}{3}$．

分析　将原不等式变形为 $\ln(1+x) - x + \dfrac{x^2}{2} - \dfrac{x^3}{3} < 0$．

令 $f(x) = \ln(1+x) - x + \dfrac{x^2}{2} - \dfrac{x^3}{3}$，因 $f(0) = 0$，只要能证明 $f(x)$ 在 $[0, +\infty)$ 内严格单调减少，则当 $x > 0$ 时，$f(x) < f(0) = 0$，即原不等式成立．根据增减性判别定理，只要证明，在 $(0, +\infty)$ 内 $f'(x) < 0$ 即可．如果无法直接判别一阶导数的符号，则可以继续用二阶导数讨论一阶导数的单调性，进而判断一阶导数的符号，依次类推．

证明：令 $f(x) = \ln(1+x) - x + \dfrac{x^2}{2} - \dfrac{x^3}{3}$，则 $f(x)$ 在 $[0, +\infty)$ 内连续，在 $(0, +\infty)$ 内可导，$f(0) = 0$．且

$$f'(x) = \frac{1}{1+x} - 1 + x - x^2, \quad f'(0) = 0,$$

$$f''(x) = -\frac{1}{(1+x)^2} + 1 - 2x, \quad f''(0) = 0,$$

$$f'''(x) = \frac{2}{(1+x)^3} - 2 = 2\left[\frac{1}{(1+x)^3} - 1\right] < 0, \quad (x > 0).$$

所以 $f''(x)$ 在 $[0, +\infty)$ 内严格单调减少，从而当 $x > 0$ 时，$f''(x) < f''(0) = 0$，则 $f'(x)$ 在 $[0, +\infty)$ 内严格单调减少，从而当 $x > 0$ 时，$f'(x) < f'(0) = 0$．所以，$f(x)$ 在 $[0, +\infty)$ 内严格单调减少．

所以，当 $x > 0$ 时，$f(x) < f(0) = 0$，

即　$\ln(1+x) - x + \dfrac{x^2}{2} - \dfrac{x^3}{3} < 0$，

从而　$\ln(1+x) < x - \dfrac{x^2}{2} + \dfrac{x^3}{3}$　　　$(x>0)$.

例 3.4.3　求椭圆 $\dfrac{x^2}{a^2} + \dfrac{y^2}{b^2} = 1$ 的面积最大的内接矩形及其最大面积值.

分析　根据对称性，内接矩形的四个顶点中位于第一象限的顶点 $M(x,y)$ 只要确定，则内接矩形的面积 S 可表示为 M 的横坐标 x 的函数，将问题转化为求函数的最大值问题.

解：设内接矩形在第一象限的顶点为 $M(x,y)$，面积为 S，则

$$S = 4xy = 4x \cdot \frac{b}{a}\sqrt{a^2 - x^2} = \frac{4b}{a}x\sqrt{a^2 - x^2} \quad (0 < x < a),$$

$$S' = \frac{4b}{a}\frac{a^2 - 2x^2}{\sqrt{a^2 - x^2}}，\text{令 } S' = 0 \text{ 得驻点 } x = \frac{\sqrt{2}}{2}a.$$

当 $0 < x < \dfrac{\sqrt{2}}{2}a$ 时，$S' > 0$；当 $\dfrac{\sqrt{2}}{2}a < x < a$ 时，$S' < 0$.

所以，当 $x = \dfrac{\sqrt{2}}{2}a$ 时 S 取得极大值及最大值：$S\big|_{x=\frac{\sqrt{2}}{2}a} = 2ab$.

例 3.4.4　求函数 $y = |x^2 - 3x + 2|$ 在给定区间 $[-10,10]$ 上的最大值和最小值.

解：$y = |x^2 - 3x + 2| = |(x-1)(x-2)| = \begin{cases} x^2 - 3x + 2, & x \leqslant 1; \\ -x^2 + 3x - 2, & 1 < x < 2; \\ x^2 - 3x + 2, & x \geqslant 2. \end{cases}$

当 $x < 1$ 时，$y' = 2x - 3$.

当 $1 < x < 2$ 时，$y' = -2x + 3$.

当 $x > 2$ 时，$y' = 2x - 3$.

当 $x = 1$ 时，

$$f_-'(1) = \lim_{x \to 1^-}\frac{f(x) - f(1)}{x - 1} = \lim_{x \to 1^-}\frac{x^2 - 3x + 2}{x - 1} = \lim_{x \to 1^-}(x - 2) = -1,$$

$$f_+'(1) = \lim_{x \to 1^+}\frac{f(x) - f(1)}{x - 1} = \lim_{x \to 1^+}\frac{-x^2 + 3x - 2}{x - 1} = -\lim_{x \to 1^+}(x - 2) = 1.$$

因为 $f_-'(1) \neq f_+'(1)$，所以函数在点 $x = 1$ 处不可导.

当 $x = 2$ 时，

$$f_-'(2) = \lim_{x \to 2^-}\frac{f(x) - f(2)}{x - 2} = \lim_{x \to 2^-}\frac{-x^2 + 3x - 2}{x - 2} = \lim_{x \to 2^-}\frac{1 - x}{1} = -1,$$

$$f_+'(2) = \lim_{x \to 2^+}\frac{f(x) - f(2)}{x - 2} = \lim_{x \to 2^+}\frac{x^2 - 3x + 2}{x - 2} = \lim_{x \to 2^+}\frac{x - 1}{1} = 1.$$

因为 $f_-'(2) \neq f_+'(2)$，所以函数在点 $x = 2$ 处不可导.

所以 $y' = \begin{cases} 2x - 3, & x < 1; \\ -2x + 3, & 1 < x < 2; \\ 2x - 3, & x > 2. \end{cases}$

令 $y' = 0$，得驻点：$x = \dfrac{3}{2}$，不可导点：$x = 1, x = 2$.

$y\left(\dfrac{3}{2}\right) = \dfrac{1}{4}$，$y(1) = 0$，$y(2) = 0$，$y(10) = 72$，$y(-10) = 132$.

比较得：最大值为 $y(-10) = 132$，最小值为 $y(1) = y(2) = 0$.

3.4.3　课后练习题

习题 3.4(基础训练)

1. 求下列函数的单调区间和极值.

(1)　$f(x) = 2x^3 - 9x^2 + 12x - 3$；

(2)　$f(x) = \dfrac{3}{5}x^{\frac{5}{3}} - \dfrac{3}{2}x^{\frac{2}{3}} + 1$；

(3)　$f(x) = (x-1)^2(x+1)^3$；

(4)　$f(x) = x^3 - 3x$；

(5)　当 $x \in [0, \pi]$ 时，$f(x) = 2\sin x + \cos 2x$.

2. 利用函数的单调性证明下列不等式.

(1) 当 $x > 0$ 时，有 $\ln(1+x) > x - \dfrac{1}{2}x^2$；

(2) 当 $x > 0$ 时，有 $\arctan x > x - \dfrac{x^3}{2}$；

(3) 当 $x \geqslant 0$ 时，有 $\sqrt[3]{1+x} \leqslant 1 + \dfrac{1}{3}x$；

(4) 当 $x \in \left(0, \dfrac{\pi}{2}\right)$ 时，$\sin x + \tan x > 2x$；

(5) 当 $x>1$ 时，有 $\dfrac{x-1}{x+1}<\dfrac{1}{2}\ln x$.

3. 求函数 $f(x)=x(x-1)^{\frac{1}{3}}$ 在区间 $[-2,2]$ 上的最值.

4. 求函数 $f(x)=\sqrt[3]{(x^2-2x)^2}$ 在区间 $[0,3]$ 上的最值.

5. 已知等腰三角形的周长为 12，求等腰三角形的底边长为多少时三角形的面积最大.

习题 3.4(能力提升)

1. 设函数 $y = f(x)$ 由参数方程 $\begin{cases} x = t(t+2) \\ y = \ln(1+t) \end{cases}$，$t > -1$ 时确定，判断函数 $f(x)$ 的单调性和曲线 $y = f(x)$ 的单调性.

2. 当 a 为何值时，$f(x) = a\sin x + \dfrac{1}{3}\sin 3x$ 在 $x = \dfrac{\pi}{3}$ 处取得极值，并说明是极大值还是极小值.

3. 设 $f(x)$ 在点 $x = 0$ 的某邻域内连续，且 $\lim\limits_{x \to 0} \dfrac{f(x)}{1 - \cos x} = 2$，则 $f(x)$ 在点 $x = 0$ 处(　　).

　　A. 可导，但 $f'(0) \neq 0$　　　　　　B. 取得极大值

　　C. 取得极小值　　　　　　　　　　D. 不可导

4. 某厂生产某种产品，年产量为 24 000 件，分若干批次进行生产，每批次的生产准备费为 64 元. 设产品均匀投入市场，且上一批用完后立即生产下一批(即平均库存量为每批生产数量的一半)，设每年每台的库存费为 4.8 元，问每批生产数量为多少件、分为多少批生产能使全年的生产准备费与库存费之和最小?

5. 一房地产公司有 50 套公寓要出租，当月租金定为每套 1000 元时，公寓会全部租出去，当月租金每增加 50 元时就会多一套公寓租不出去，而租出去的公寓每月需花费 100 元的维修费，试问房租定为多少可获得最大收入？

3.5　函数的凹凸性与渐近线

3.5.1　重要知识点

1. 凹向与拐点的定义

如果在某区间内，曲线弧整个地位于其上任一点切线的上方(下方)，则称曲线在该区间内上凹(下凹)，该区间称为曲线的上凹区间(下凹区间)；曲线上凹和下凹的分界点称为曲线的拐点.(注："上凹" = "下凸" = "凹"，"下凹" = "上凸" = "凸").

2. 凹向判别定理

设函数 $f(x)$ 在区间 (a,b) 内二阶可导，则

(1) 若在 (a,b) 内恒有 $f''(x) > 0$，则曲线 $y = f(x)$ 在 (a,b) 内上凹；

(2) 若在 (a,b) 内恒有 $f''(x) < 0$，则曲线 $y = f(x)$ 在 (a,b) 内下凹.

拐点存在的必要条件　若点 $(x_0, f(x_0))$ 是曲线 $y = f(x)$ 的拐点，且 $f''(x)$ 在 x_0 处连续，则有 $f''(x_0) = 0$.

3. 拐点判别定理

设 $f(x)$ 在点 x_0 的去心邻域内二阶可导，且在点 x_0 处连续，则

(1) 若在点 x_0 的左、右两半邻域 $f''(x)$ 异号，则 $(x_0, f(x_0))$ 是曲线 $y = f(x)$ 的拐点；

(2) 若在点 x_0 的左、右两半邻域 $f''(x)$ 同号，则 $(x_0, f(x_0))$ 不是曲线 $y = f(x)$ 的拐点.

3.5.2　典型例题解析

(1) 拐点是曲线上的点，有纵、横两坐标.

(2) 求曲线的上、下凹区间及拐点的一般方法(步骤)如下：

① 求二阶导数 $f''(x)$，并求出 D_f 内所有二阶导数为 0 和二阶不可导点；

② 用①中的各点将 D_f 分为若干子区间，并确定每个子区间内 $f''(x)$ 的符号；

③ 根据凹向判别定理和拐点判别定理判别出上、下凹区间及拐点.

例 3.5.1　求函数 $y = x + \dfrac{x}{x^2 - 1}$ 的单调区间，上、下凹区间，极值，拐点和渐近线.

分析　直接由表达式 $y = x + \dfrac{x}{x^2 - 1}$ 求 y', y'' 很容易，但要将 y', y'' 化为因式的形式却比

较困难，因此把函数的表达式变为下列两种形式：$y = \dfrac{x^3}{x^2 - 1}$ 和 $y = x + \dfrac{1}{2(x+1)} + \dfrac{1}{2(x-1)}$，

用前者求 y'，用后者求 y''.

解： $y = \dfrac{x^3}{x^2 - 1}$，$y' = \dfrac{3x^2(x^2-1) - 2x^4}{(x^2-1)^2} = \dfrac{x^2(x^2-3)}{(x^2-1)^2}$；

$y = x + \dfrac{1}{2(x+1)} + \dfrac{1}{2(x-1)}$，$y' = 1 - \dfrac{1}{2(x+1)^2} - \dfrac{1}{2(x-1)^2}$，

$y'' = \dfrac{1}{(x+1)^3} + \dfrac{1}{(x-1)^3} = \dfrac{(x-1)^3 + (x+1)^3}{(x^2-1)^3} = \dfrac{2x(x^2+3)}{(x^2-1)^3}$.

令 $y' = 0$，得 $x = 0$，$x = \pm\sqrt{3}$；令 $y'' = 0$，得 $x = 0$. 不可导点为 $x = \pm 1$，列表讨论

如下：

x	$(-\infty, -\sqrt{3})$	$-\sqrt{3}$	$(-\sqrt{3}, -1)$	-1	$(-1, 0)$	0	$(0,1)$
y'	+	0	−	无意义	−	0	−
y''	−		−		+	0	−
y	↗ ⌢	极大值	↘ ⌢		↘ ⌣	拐点	↘ ⌢

x	1	$(1, \sqrt{3})$	$\sqrt{3}$	$(\sqrt{3}, +\infty)$
y'	无意义	−	0	+
y''		+		+
y		↘ ⌣	极小值	↗ ⌣

由表可见：单调增加区间为 $(-\infty, -\sqrt{3}]$，$[\sqrt{3}, +\infty)$；

　　　　　单调减少区间为 $[-\sqrt{3}, -1)$，$(-1, 1)$，$(1, \sqrt{3}]$；

　　　　　上凹区间为 $(-1, 0)$，$(1, +\infty)$；

　　　　　下凹区间为 $(-\infty, -1)$，$(0, 1)$；

　　　　　极大值为 $f(-\sqrt{3}) = -\dfrac{3\sqrt{3}}{2}$；

　　　　　极小值为 $f(\sqrt{3}) = \dfrac{3\sqrt{3}}{2}$；

　　　　　拐点为 $(0, 0)$.

因为 $\lim\limits_{x\to\pm\infty}\left(x+\dfrac{x}{x^2-1}\right)=\infty$，所以无水平渐近线；

因为 $\lim\limits_{x\to1}\left(x+\dfrac{x}{x^2-1}\right)=\infty$，$\lim\limits_{x\to-1}\left(x+\dfrac{x}{x^2-1}\right)=\infty$，所以有两条渐近线：$x=-1$ 和 $x=1$.

因为 $k=\lim\limits_{x\to\infty}\dfrac{y}{x}=\lim\limits_{x\to\infty}(1+\dfrac{1}{x^2-1})=1$，$b=\lim\limits_{x\to\infty}(y-1\cdot x)=\lim\limits_{x\to\infty}\dfrac{x}{x^2-1}=0$，所以 $y=x$ 是一条斜渐近线.

例 3.5.2 利用函数的凹凸性证明下列不等式：

(1) $\dfrac{1}{2}(x^n+y^n)>\left(\dfrac{x+y}{2}\right)^n$　$(x>0,y>0,x\ne y,n>1)$；

(2) $x\ln x+y\ln y>(x+y)\ln\dfrac{x+y}{2}$　$(x>0,y>0,x\ne y)$.

分析　$f\left(\dfrac{x_1+x_2}{2}\right)$ 是曲线 $y=f(x)$ 在区间 $[x_1,x_2]$ 的中点 $\dfrac{x_1+x_2}{2}$ 处的纵坐标，而 $\dfrac{f(x_1)+f(x_2)}{2}$ 则是两点 $M_1(x_1,f(x_1))$ 与 $M_2(x_2,f(x_2))$ 连线的弦 M_1M_2 在点 $\dfrac{x_1+x_2}{2}$ 处的纵坐标. 如果曲线上凹，曲线弧在弦之下，则 $f\left(\dfrac{x_1+x_2}{2}\right)<\dfrac{f(x_1)+f(x_2)}{2}$，如果曲线下凹，曲线弧在弦之上，则 $f\left(\dfrac{x_1+x_2}{2}\right)>\dfrac{f(x_1)+f(x_2)}{2}$.

证明：(1) 令 $f(t)=t^n$，则 $f'(t)=nt^{n-1}$，$f''(t)=n(n-1)t^{n-2}$.

由于 $n>1$，所以在区间 $(0,+\infty)$ 内 $f''(t)>0$，$f(t)$ 在 $(0,+\infty)$ 内上凹，则当 $x>0,y>0,x\ne y,n>1$ 时，$f\left(\dfrac{x+y}{2}\right)<\dfrac{f(x)+f(y)}{2}$，即 $\left(\dfrac{x+y}{2}\right)^n<\dfrac{1}{2}(x^n+y^n)$，即 $\dfrac{1}{2}(x^n+y^n)>\left(\dfrac{x+y}{2}\right)^n$.

(2) 原不等式两边乘以 $\dfrac{1}{2}$，变形为 $\dfrac{x+y}{2}\ln\dfrac{x+y}{2}<\dfrac{1}{2}(x\ln x+y\ln y)$.

令 $f(t)=t\ln t$，则 $f'(t)=\ln t+1$，$f''(t)=\dfrac{1}{t}$.

当 $t>0$ 时，$f''(t)>0$，所以 $f(t)$ 在 $(0,+\infty)$ 内上凹.

则 $\forall x>0,y>0$,且 $x\ne y$，有 $f\left(\dfrac{x+y}{2}\right)<\dfrac{1}{2}[f(x)+f(y)]$，

即　$\dfrac{x+y}{2}\ln\dfrac{x+y}{2}<\dfrac{1}{2}(x\ln x+y\ln y)$，

即　$x\ln x+y\ln y>(x+y)\ln\dfrac{x+y}{2}$.

3.5.3　课后练习题

习题 3.5 (基础训练)

1. 求下列曲线的凹区间及拐点.

(1)　$f(x) = x^4 - 2x^3 + 1$；

(2) $f(x) = (x-2)^{\frac{5}{3}}$；

(3)　$f(x) = \ln(1 + x^2)$；

(4)　$f(x) = e^{\arctan x}$；

(5)　$f(x) = \dfrac{2x}{1 + x^2}$.

2. 若曲线 $y = ax^3 + bx^2 + cx + d$ 在点 $x = 0$ 处取得极大值 0，且点 $(1,1)$ 为拐点，求 a、b、c、d 的值.

习题 3.5(能力提升)

1. 求曲线 $y = x^3 - 3x^2 + 24x - 19$ 在拐点处的切线方程.

2. 设 $f(x) = |x(1-x)|$，则(　　).

　　A. $x = 0$ 是 $f(x)$ 的极值点，但点 $(0,0)$ 不是拐点

　　B. $x = 0$ 不是 $f(x)$ 的极值点，但点 $(0,0)$ 是拐点

　　C. $x = 0$ 是 $f(x)$ 的极值点，且点 $(0,0)$ 是拐点

　　D. $x = 0$ 不是 $f(x)$ 的极值点，点 $(0,0)$ 也不是拐点

3. 设函数 $y = f(x)$ 具有二阶导数，且 $f'(x) > 0$，$f''(x) > 0$，Δx 为自变量 x 在点 x_0 处的增量，Δy 与 dy 分别为 $f(x)$ 在点 x_0 处的增量与微分，若 $\Delta x > 0$，则(　　).

　　A. $0 < dy < \Delta y$ 　　　　　　　　B. $0 < \Delta y < dy$

　　C. $\Delta y < dy < 0$ 　　　　　　　　D. $dy < \Delta y < 0$

3.6　函数图形的描绘

3.6.1　重要知识点

1. 函数图形的做法(步骤)

(1) 确定函数 $f(x)$ 的定义域 D_f、对称性(奇偶性)和周期性等.

(2) 求一阶导数和二阶导数 $f'(x)$，$f''(x)$，并求出 D_f 内所有一、二阶导数分别为零的点及及一、二阶导数不存在的点.

(3) 用步骤(2)中求出的各点把定义域分为若干子区间，并确定每个子区间内一、二阶导数的符号，判断出增减区间和极值，上、下凹区间及拐点(列表讨论).

(4) 确定曲线的渐近线.

(5) 由曲线方程计算出一些辅助点的坐标，特别是和坐标轴的交点(视需要而定).

(6) 描图. 先将(3)中的关键点(峰顶、谷底、拐点)和(5)中的辅助点，(4)中的渐近线画在坐标系中，然后根据(3)中的性态(增减性、凹向等)将标出的各点连接起来(注意在无穷远方趋于渐近线的性态). 这就描绘出了函数的图像.

2. 渐近线定义

如果曲线 C 上的点 M 沿曲线 C 趋于无穷远方时，点 M 与某定直线 L 的距离趋于零，则称直线 L 为曲线 C 的一条渐近线.

渐近线可分为下列三类：

(1) 与 x 轴平行的渐近线称为**水平渐近线**；

(2) 与 x 轴垂直的渐近线称为**铅(垂)直渐近线**；

(3) 与 x 轴既不平行也不垂直的渐近线称为**斜渐近线**.

渐近线的求法：

(1) 水平渐近线的求法

如果 $\lim\limits_{x\to-\infty} f(x)=b$ 或 $\lim\limits_{x\to+\infty} f(x)=b$，则直线 $y=b$ 为曲线 $y=f(x)$ 的一条水平渐近线.

(2) 铅直渐近线的求法

如果 $\lim\limits_{x\to c^-} f(x)=\infty$ 或 $\lim\limits_{x\to c^+} f(x)=\infty$，则直线 $x=c$ 是曲线 $y=f(x)$ 的一条铅直渐近线.

即在函数 $f(x)$ 的每个无穷型间断点处必有一条铅直渐近线.

(3) 斜渐近线

如果极限 $\lim\limits_{\substack{x\to-\infty \\ (x\to+\infty)}} \dfrac{f(x)}{x}=k$ 与 $\lim\limits_{\substack{x\to-\infty \\ (x\to+\infty)}} [f(x)-kx]=b$ 都存在且 $k\ne0$，则直线 $y=kx+b$ 就是曲线 $y=f(x)$ 的一条斜渐近线.

3.6.2　典型例题解析

(1) 渐近线是函数图形的衬托，衬托函数图形的变化趋势，它不属于函数图形.

(2) 描绘函数图形的目的是为了更深刻地整体理解函数的特点.

例 3.6.1　画出函数 $y=\dfrac{x^3}{3}-x^2+2$ 的图形.

解：函数的定义域为 $(-\infty,+\infty)$.
$$y'=x^2-2x,\ y''=2x-2.$$

令 $y'=0$，得驻点 $x=0,2$；令 $y''=0$，得 $x=1$.

点 $x=0,1,2$ 将定义域分为四个子区间，每个子区间上曲线的性态如下表：

x	$(-\infty,0)$	0	$(0,1)$	1	$(1,2)$	2	$(2,+\infty)$
y'	+	0		−	0		+
y''	−		−	0	+		+
$y=f(x)$ 的图形	↗凸	极大值 2	↘凸	拐点 $\left(1,\dfrac{4}{3}\right)$	↘凹	极小值 $\dfrac{2}{3}$	↗凹

描绘出的图形如图 3-2 所示.

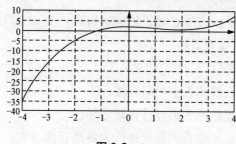

图 3-2

3.6.3 课后练习题

习题 3.6(基础训练)

画出下列函数的图形.

(1) $y = e^{-x^2}$;

(2) $y = \dfrac{x}{x^2+1}$;

(3) $y = x^3 - x^2 - x + 1$;

(4) $y = \dfrac{\ln x}{x}$;

(5) $y = (1-x)\sqrt{x}$;

3.7　曲　　率

3.7.1　重要知识点

1. 弧微分

设 $f(x)$ 函数在区间 (a,b) 内具有连续导数，在函数 $y=f(x)$ 曲线上取固定点为 $M_0(x_0,y_0)$ 作为量度弧长的基点，规定依 x 增大的方向作为曲线的正向。对曲线上任一点 $M(x,y)$，规定有向弧 $\overparen{MM_0}$ 的值 s（简称弧 s）如下：s 的绝对值为这段弧长，当有向弧 $\overparen{MM_0}$ 的方向与曲线正向一致时，$s>0$，相反时 $s<0$。显然弧 s 是 x 的函数，记作 $s=s(x)$。

$$\frac{\mathrm{d}s}{\mathrm{d}x}=\pm\sqrt{1+[f'(x)]^2}$$

因 $s=s(x)$ 是 x 的单调函数，根号前应取正号，于是

$$\frac{\mathrm{d}s}{\mathrm{d}x}=\sqrt{1+[f'(x)]^2}$$

或写成微分

$$\mathrm{d}s=\sqrt{1+[f'(x)]^2}\,\mathrm{d}x$$

这就是曲线弧微分公式，弧微分公式还可以表示成

$$\mathrm{d}s=\sqrt{(\mathrm{d}x)^2+(\mathrm{d}y)^2}$$

2. 曲率的概念

设曲线 C 上每点的切线能够连续变动，在曲线上选定一点 M_0 作为度量弧的基点。

设曲线 C 上的点 M 对应于弧 s，切线的倾角为 α，曲线上的另一点 M' 对应于弧 $s+\Delta s$，切线的倾角为 $\alpha+\Delta\alpha$。那么，弧段 MM' 的长度为 $|\Delta s|$，当切点从 M 移到点 M' 时，切线转过的角度为 $|\Delta\alpha|$，如图 3-3 所示。

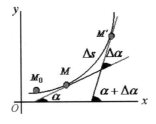

图 3-3

比值 $\left|\dfrac{\Delta\alpha}{\Delta s}\right|$ 表示单位弧段上的切线转角，刻划了弧 MM' 的平均弯曲程度。称它为弧段 MM' 的平均曲率。记作 $\overline{k}$，即

$$\overline{k} = \left| \frac{\Delta \alpha}{\Delta s} \right|$$

当 $\Delta s \to 0$ 时(即 $M' \to M$)，上述平均曲率的极限就称为曲线在点 M 处的曲率，记作 k，即

$$k = \lim_{\Delta s \to 0} \left| \frac{\Delta \alpha}{\Delta s} \right|$$

当 $\lim\limits_{\Delta s \to 0} \dfrac{\Delta \alpha}{\Delta s} = \dfrac{\mathrm{d}\alpha}{\mathrm{d}s}$ 存在时，为

$$k = \left| \frac{\mathrm{d}\alpha}{\mathrm{d}s} \right|.$$

3. 曲率的计算

设曲线的直角坐标方程为 $y = f(x)$，且 $f(x)$ 具有二阶导数.

曲率的计算公式为

$$k = \left| \frac{\mathrm{d}\alpha}{\mathrm{d}x} \right| = \frac{|y''|}{[1+(y')^2]^{\frac{3}{2}}}.$$

假设曲线方程是参数方程 $\begin{cases} x = \varphi(t) \\ y = \phi(t) \end{cases}$，给出

$$y' = \frac{\phi'(t)}{\varphi'(t)}, \quad y'' = \frac{\phi''(t)\varphi'(t) - \varphi''(t)\phi'(t)}{[\varphi'(t)]^3}.$$

则曲率计算公式为

$$K = \frac{\left| \phi''(t)\varphi'(t) - \varphi''(t)\phi'(t) \right|}{[(\varphi'(t))^2 + (\phi'(t))^2]^{\frac{3}{2}}}.$$

4. 曲率圆与曲率半径

设曲线 $y = f(x)$ 在点 $M(x, y)$ 处的曲率为 $k(k \neq 0)$，在点 M 处的曲线的法线上，在曲线凹的一侧取一点 D，使 $|DM| = \dfrac{1}{k} = \rho$，以 D 为圆心，以 ρ 为半径作圆.称此圆为曲线在点 M 处的曲率圆，称 D 为曲线在点 M 处的曲率中心，称 ρ 为曲线在点 M 处的曲率半径.曲率与曲率半径的关系为 $\rho = \dfrac{1}{k}$；曲线在该点处与它的曲率圆有相同的切线、曲率和凹向.因此，可用曲率圆在该点 M 处的一段圆弧来近似地替代曲线弧.

3.7.2 典型例题解析

(1) 弧微分是一个重要概念，在计算曲线的弧长时也有用，本节必须理解在函数 $y = f(x)$ 的曲线上产生新的对应关系 $s = s(x)$，然后理解记忆弧微分.

(2) 曲率是一个局部概念，不同点的曲率可能不同, 谈曲线的弯曲程度(曲率)时应该具

体地指出是曲线在哪一点处的曲率.

例 3.7.1　求对数曲线 $y = \ln x$ 在点 $(1,0)$ 处的曲率.

解：因 $y' = \dfrac{1}{x}, y'' = \dfrac{-1}{x^2}$，因此

$$y'\big|_{x=1} = 1, y''\big|_{x=1} = -1$$

于是，由曲率计算公式得曲线 $y = \ln x$ 在点 $(1,0)$ 处的曲率为

$$K = \frac{|-1|}{(1+1)^{\frac{3}{2}}} = \frac{2}{2\sqrt{2}}.$$

例 3.7.2　求椭圆

$$\begin{cases} x = a\cos t \\ y = b\sin t \end{cases} (a > b > 0, 0 \leqslant t \leqslant 2\pi)$$

上点的曲率的最大值与最小值.

解：

$$\frac{\mathrm{d}x}{\mathrm{d}t} = -a\sin t, \frac{\mathrm{d}y}{\mathrm{d}t} = b\cos t,$$

$$\frac{\mathrm{d}^2 x}{\mathrm{d}t^2} = -a\cos t, \frac{\mathrm{d}^2 y}{\mathrm{d}t^2} = -b\sin t.$$

代入公式　$K = \dfrac{\left| \phi''(t)\varphi'(t) - \varphi''(t)\phi'(t) \right|}{[(\varphi'(t))^2 + (\phi'(t))^2]^{\frac{3}{2}}}$　得椭圆上任一点的曲率

$$K = \frac{ab}{[b^2 + (a^2 - b^2)\sin^2 t]^{\frac{3}{2}}}.$$

于是得，当 $t = 0, \pi$ 时，K 最大值为 $K_{\max} = \dfrac{a}{b^2}$；当 $t = \dfrac{\pi}{2}, \dfrac{3\pi}{2}$ 时，K 最小值为 $K_{\min} = \dfrac{b}{a^2}$.

这表明椭圆在长轴的两端点处曲率最大，在短轴的两端点处曲率最小.

3.7.3　课后练习题

习题 3.7(基础训练)

求下列曲线在指定点的曲率.

(1)　$xy = 4$ 在点 $(2,2)$ 处的曲率；

(2)　$y = \sin x$ 在点 $\left(\dfrac{\pi}{2}, 1 \right)$ 处的曲率；

(3) $y = \dfrac{1}{3}x^3$ 在点 $\left(1, \dfrac{1}{3}\right)$ 处的曲率；

(4) $\begin{cases} x = at^2 \\ y = bt^3 \end{cases}$ 在点 $(1,1)$ 处的曲率；

(5) $x^2 - xy + y^2 = 1$ 在点 $(1,1)$ 处的曲率.

习题 3.7(能力提升)

1. 问抛物线 $y = x^2$ 上哪点处的曲率最大？求出该点的曲率半径.

2. 求摆线 $x = a(t - \sin t)$，$y = a(1 - \cos t)$ 的一拱 $(0 < t < 2\pi)$ 中的最小曲率.

第 4 章 不 定 积 分

本章知识导航：

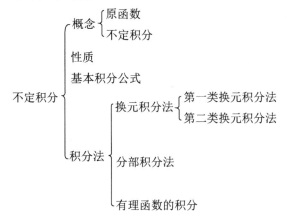

4.1 不定积分的概念与性质

4.1.1 重要知识点

1. 原函数与不定积分的概念

设 $f(x)$ 是定义在区间 I 上的函数，若存在函数 $F(x)$ ，使得对于任意 $x \in I$ 有 $F'(x) = f(x)$ ，则称 $F(x)$ 为 $f(x)$ 在 I 上的一个原函数.

$f(x)$ 的全体原函数称为 $f(x)$ 的不定积分，记作 $\int f(x)\mathrm{d}x$.若 $F(x)$ 是 $f(x)$ 的一个原函数，则 $\int f(x)\mathrm{d}x = F(x) + C$ （ C 为任意常数).

2. 不定积分的性质

(1) $\int [f(x) \pm g(x)]\mathrm{d}x = \int f(x)\mathrm{d}x \pm \int g(x)\mathrm{d}x$ ；

(2) $\int kf(x)\mathrm{d}x = k\int f(x)\mathrm{d}x$ （ k 为常数);

(3) $\left(\int f(x)\mathrm{d}x\right)' = f(x), \mathrm{d}\int f(x)\mathrm{d}x = f(x)\mathrm{d}x$ ；

(4) $\int f'(x)\mathrm{d}x = f(x) + C, \int \mathrm{d}f(x) = f(x) + C$.

3. 基本积分公式

$$\int 0\mathrm{d}x = C；\qquad \int k\mathrm{d}x = kx + C（k\text{ 是常数})；$$

$$\int x^{\alpha}\mathrm{d}x = \frac{1}{\alpha+1}x^{\alpha+1} + C(\alpha \neq -1)；\qquad \int \frac{1}{x}\mathrm{d}x = \ln|x| + C；$$

$$\int a^{x}\mathrm{d}x = \frac{a^{x}}{\ln a} + C；\quad \int \mathrm{e}^{x}\mathrm{d}x = \mathrm{e}^{x} + C；\quad；$$

$$\int \sin x\mathrm{d}x = -\cos x + C；\qquad \int \cos x\mathrm{d}x = \sin x + C；$$

$$\int \sec^{2}x\mathrm{d}x = \tan x + C；\qquad \int \csc^{2}x\mathrm{d}x = -\cot x + C；$$

$$\int \sec x \cdot \tan x\mathrm{d}x = \sec x + C；\qquad \int \csc x \cdot \cot x\mathrm{d}x = -\csc x + C；$$

$$\int \frac{1}{\sqrt{1-x^{2}}}\mathrm{d}x = \arcsin x + C；\qquad \int \frac{1}{1+x^{2}}\mathrm{d}x = \arctan x + C；$$

4.1.2　典型例题解析

例 4.1.1　求 $\int \dfrac{\mathrm{d}x}{x^{2}\sqrt{x}}$.

分析　人们常用基本积分公式直接求积分，即直接或者将被积函数作适当恒等变形后利用不定积分的性质和基本积分表来求不定积分. 熟记基本积分公式是至关重要的，因为这些公式是对被积函数进行恒等变形的目标.

利用公式 $\int x^{\mu}\mathrm{d}x = \dfrac{x^{\mu+1}}{\mu+1} + C, \mu \neq -1$.

解：原式 $= \int x^{-\frac{5}{2}}\mathrm{d}x = \dfrac{1}{1-\dfrac{5}{2}}x^{1-\frac{5}{2}} + C = -\dfrac{2}{3}x^{-\frac{3}{2}} + C$.

例 4.1.2　求 $\int x\sqrt{x}\left(1 - \dfrac{1}{\sqrt[3]{x}}\right)\mathrm{d}x$.

分析　利用公式 $\int x^{\mu}\mathrm{d}x = \dfrac{x^{\mu+1}}{\mu+1} + C, \mu = -1$.

解：原式 $= \int\left(x^{\frac{3}{2}} - x^{\frac{7}{6}}\right)\mathrm{d}x = \dfrac{2}{5}x^{\frac{5}{2}} - \dfrac{6}{13}x^{\frac{13}{6}} + C$.

例 4.1.3　求 $\int \dfrac{1+2x^{2}}{x^{2}(1+x^{2})}\mathrm{d}x$.

分析　利用公式 $\int \dfrac{1}{1+x^{2}}\mathrm{d}x = \arctan x + C$.

解：原式 $= \int \dfrac{(1+x^{2})+x^{2}}{x^{2}(1+x^{2})}\mathrm{d}x = \int \dfrac{1}{x^{2}}\mathrm{d}x + \int \dfrac{1}{1+x^{2}}\mathrm{d}x = -\dfrac{1}{x} + \arctan x + C$

例 4.1.4 求 $\int 2^x e^{-x} dx$

分析 利用公式 $\int a^x dx = \dfrac{a^x}{\ln a} + C$

解： 原式 $= \int \left(\dfrac{2}{e}\right)^x dx = \dfrac{\left(\dfrac{2}{e}\right)^x}{\ln \dfrac{2}{e}} + C = \dfrac{2^x e^{-x}}{\ln 2 - 1} + C$

例 4.1.5 求 $\int \dfrac{1}{1 - \cos^2 x} dx$.

分析 利用公式 $\int \csc^2 x dx = -\cot x + C$.

解： 原式 $= \int \dfrac{dx}{\sin^2 x} = \int \csc^2 x dx = -\cot x + C$.

4.1.3 课后练习题

习题 4.1(基础训练)

求下列不定积分.

(1) $\int 3^x e^x dx$；

(2) $\int x\sqrt{x} dx$；

(3) $\int \cos^2 \dfrac{x}{2} dx$；

(4) $\int \left(1 - \dfrac{1}{\sqrt{x}}\right)^2 dx$；

(5) $\int \left(\dfrac{2}{1 + x^2} - \dfrac{1}{\sqrt{1 - x^2}}\right) dx$；

(6) $\int \dfrac{1 - 2x^2}{1 + x^2} dx$；

(7) $\displaystyle\int \sec x(\sec x - \tan x)\mathrm{d}x$;

(8) $\displaystyle\int \left(2\mathrm{e}^x + \frac{3}{x}\right)\mathrm{d}x$.

习题 4.1(能力提升)

求下列不定积分.

(1) $\displaystyle\int \frac{x^2 - 2\sqrt{2}x + 2}{x - \sqrt{2}}\mathrm{d}x$;

(2) $\displaystyle\int \left(1 - \frac{1}{x^2}\right)\sqrt{x\sqrt{x}}\,\mathrm{d}x$;

(3) $\displaystyle\int 2^{x+1} \times 3^{2x} \times 4^{x-1}\mathrm{d}x$;

(4) $\displaystyle\int \frac{\mathrm{e}^{2x} - 1}{\mathrm{e}^x + 1}\mathrm{d}x$;

(5) $\displaystyle\int (\sqrt{x} + 1)\left(x - \frac{1}{\sqrt{x}}\right)\mathrm{d}x$;

(6) $\displaystyle\int 2\sin^2 \frac{x}{2}\mathrm{d}x$;

(7) $\displaystyle\int \frac{\cos 2x}{\cos x + \sin x}\mathrm{d}x$;

(8) $\displaystyle\int \tan x(\cos x + \sec x)\mathrm{d}x$.

4.2　换元积分法

4.2.1　重要知识点

1. 第一换元法(凑微分法)

设 $\int f(u)\mathrm{d}u = F(u)+C$, 则 $\int f(\varphi(x))\cdot\varphi'(x)\mathrm{d}x \xlongequal{\text{令}u=\varphi(x)} \int f(u)\mathrm{d}u = F(u)+C = F(\varphi(x))+C$.

2. 第二换元法(拆微分法)

设 $x=\varphi(t)$ 是单调的可导函数, $\varphi'(x)\neq 0$, 且 $\int f(\varphi(t))\cdot\varphi'(t)\mathrm{d}t = F(t)+C$, 则 $\int f(x)\mathrm{d}x \xlongequal{\text{令}x=\varphi(t)} \int f(\varphi(t))\cdot\varphi'(t)\mathrm{d}t = F(t)+C = F(\varphi^{-1}(x))+C$, 其中 $t=\varphi^{-1}(x)$是$x=\varphi(t)$ 的反函数.

3. 由换元积分法得到的一些常用积分公式

(1) $\int \tan x\mathrm{d}x = -\ln\left|\cos x\right|+C$;

(2) $\int \cot x\mathrm{d}x = \ln\left|\sin x\right|+C$;

(3) $\int \sec x\mathrm{d}x = \ln\left|\sec x + \tan x\right|+C$;

(4) $\int \csc x\mathrm{d}x = \ln\left|\csc x - \cot x\right|+C$;

(5) $\int \dfrac{1}{\sqrt{a^2-x^2}}\mathrm{d}x = \arcsin\dfrac{x}{a}+C$;

(6) $\int \dfrac{1}{x^2+a^2}\mathrm{d}x = \dfrac{1}{a}\arctan\dfrac{x}{a}+C$;

(7) $\int \dfrac{1}{x^2-a^2}\mathrm{d}x = \dfrac{1}{2a}\ln\left|\dfrac{x-a}{x+a}\right|+C$;

(8) $\int \dfrac{1}{\sqrt{x^2+a^2}}\mathrm{d}x = \ln\left|x+\sqrt{x^2+a^2}\right|+C$;

(9) $\int \dfrac{1}{\sqrt{x^2-a^2}}\mathrm{d}x = \ln\left|x+\sqrt{x^2-a^2}\right|+C$.

4. 常用的凑微分形式

(1) $\int f(ax+b)\mathrm{d}x = \dfrac{1}{a}\int f(ax+b)\mathrm{d}(ax+b)(a\neq 0)$;

(2) $\int f(ax^n+b)x^{n-1}\mathrm{d}x = \dfrac{1}{na}\int(ax^n+b)\mathrm{d}(ax^n+b)(a\neq 0, n\geqslant 1)$;

(3) $\displaystyle\int f(\sqrt{x})\frac{1}{\sqrt{x}}\mathrm{d}x = 2\int f(\sqrt{x})\mathrm{d}\sqrt{x}$;

(4) $\displaystyle\int f\left(\frac{1}{x}\right)\frac{1}{x^2}\mathrm{d}x = -\int f\left(\frac{1}{x}\right)\mathrm{d}\frac{1}{x}$;

(5) $\displaystyle\int f(\ln x)\frac{1}{x}\mathrm{d}x = \int f(\ln x)\mathrm{d}\ln x$;

(6) $\displaystyle\int f(\sin x)\cos x\mathrm{d}x = \int f(\sin x)\mathrm{d}\sin x$;

(7) $\displaystyle\int f(\cos x)\sin x\mathrm{d}x = -\int f(\cos x)\mathrm{d}\cos x$;

(8) $\displaystyle\int f(\tan x)\sec^2 x\mathrm{d}x = \int f(\tan x)\mathrm{d}\tan x$;

(9) $\displaystyle\int f(\cot x)\csc^2 x\mathrm{d}x = -\int f(\cot x)\mathrm{d}\cot x$;

(10) $\displaystyle\int f(\sec x)\tan x\sec x\mathrm{d}x = \int f(\sec x)\mathrm{d}\sec x$;

(11) $\displaystyle\int f(\arcsin x)\frac{1}{\sqrt{1-x^2}}\mathrm{d}x = \int f(\arcsin x)\mathrm{d}\arcsin x$;

(12) $\displaystyle\int f(\arctan x)\frac{1}{1+x^2}\mathrm{d}x = \int f(\arctan x)\mathrm{d}\arctan x$;

(13) $\displaystyle\int f(\mathrm{e}^x)\mathrm{e}^x\mathrm{d}x = \int f(\mathrm{e}^x)\mathrm{d}\mathrm{e}^x$.

4.2.2　典型例题解析

1. 第一类换元积分法

用第一类换元积分法求不定积分 $\displaystyle\int g(x)\mathrm{d}x$ 的具体过程为 $\displaystyle\int g(x)\mathrm{d}x \xlongequal{\text{表示成}}$

$A\displaystyle\int f[\varphi(x)]\varphi'(x)\mathrm{d}x \xlongequal{\text{令}\varphi(x)=u} A\int f(u)\mathrm{d}u = AF(u)+C \xlongequal{u=\varphi(x)} AF[\varphi(x)]+C$ ，在上述过程中，关键的一步是将原来的被积函数 $g(x)$ 表示成 $Af[\varphi(x)]$ 与 $\varphi'(x)$ 两个因子乘积的形式，即 A 为常数，此时 $\varphi'(x)$ 与 $\mathrm{d}x$ 可凑成 u 的微分 $\mathrm{d}u = \varphi'(x)\mathrm{d}x$ ，且 $f(u)$ 的原函数比较容易求得.所以第一类换元积分法又称为"凑微分法". 由于 $\varphi(x)$ 隐含在被积函数中，所以，这一部分是不定积分中较难掌握的部分，也是非常重要的部分，熟练掌握"凑微分法"再结合分部积分法可解决绝大部分的不定积分. 这部分主要是多做练习，熟悉各种形式的"凑微分法"，也是对求导数能力的一种检验.

例 4.2.1　求下列不定积分.

(1) $\displaystyle\int \frac{1}{4x^2+9}\mathrm{d}x$;

分析　不定积分的换元法并不是唯一的，可以有不同的选择.

解法 1：原式 $= \dfrac{1}{2}\displaystyle\int \frac{1}{(2x)^2+3^2}\mathrm{d}(2x) = \frac{1}{6}\arctan\frac{2x}{3}+C$;

解法 2: 原式 $= \dfrac{1}{4}\displaystyle\int \dfrac{1}{x^2 + \left(\dfrac{3}{2}\right)^2}dx = \dfrac{1}{4}\cdot\dfrac{1}{\dfrac{3}{2}}\arctan\dfrac{x}{\dfrac{3}{2}} + C = \dfrac{1}{6}\arctan\dfrac{2x}{3} + C$.

(2) $\displaystyle\int x\cos(x^2 + 1)dx$；

解: 原式 $= \dfrac{1}{2}\displaystyle\int \cos(x^2 + 1)d(x^2 + 1) = \dfrac{1}{2}\sin(x^2 + 1) + C$.

(3) $\displaystyle\int x^2 e^{1-2x^3}dx$；

解: 原式 $= \dfrac{1}{3}\displaystyle\int e^{1-2x^3}d(x^3) = -\dfrac{1}{6}\displaystyle\int e^{1-2x^3}d(1 - 2x^3) = -\dfrac{1}{6}\displaystyle\int e^{1-2x^3} + C$.

(4) $\displaystyle\int \dfrac{1}{e^x + 1}dx$；

解: 原式 $= \displaystyle\int \dfrac{e^{-x}}{1 + e^{-x}}dx = -\displaystyle\int \dfrac{1}{1 + e^{-x}}d(1 + e^{-x}) = -\ln(1 + e^{-x}) + C$.

(5) $\displaystyle\int \sin^2 3x\,dx$；

解: 原式 $= \dfrac{1}{2}\displaystyle\int (1 - \cos 6x)dx = \dfrac{1}{2}\displaystyle\int dx - \dfrac{1}{12}\displaystyle\int \cos 6x\,d(6x)$

$\qquad = \dfrac{1}{2}x - \dfrac{1}{12}\sin 6x + C$.

(6) $\displaystyle\int \dfrac{x}{x^2 - 2x + 5}dx$；

分析 对分母进行配方，再根据分母的配方作换元.

解: 原式 $= \displaystyle\int \dfrac{(x - 1) + 1}{(x - 1)^2 + 4}dx$

$\qquad = \displaystyle\int \dfrac{x - 1}{(x - 1)^2 + 4}d(x - 1) + \displaystyle\int \dfrac{1}{(x - 1)^2 + 4}d(x - 1)$

$\qquad = \dfrac{1}{2}\displaystyle\int \dfrac{1}{(x - 1)^2 + 4}d[(x - 1)^2 + 4] + \dfrac{1}{2}\arctan\dfrac{x - 1}{2}$

$\qquad = \dfrac{1}{2}\ln(x^2 - 2x + 5) + \dfrac{1}{2}\arctan\dfrac{x - 1}{2} + C$.

(7) $\displaystyle\int \dfrac{\sqrt{x} + 1}{\sqrt{x}(1 + x)}dx$；

解: 原式 $= \displaystyle\int \dfrac{dx}{1 + x} + \displaystyle\int \dfrac{dx}{\sqrt{x}(1 + x)}$

$\qquad = \displaystyle\int \dfrac{1}{1 + x}d(1 + x) + 2\displaystyle\int \dfrac{1}{1 + (\sqrt{x})^2}d(\sqrt{x})$

$\qquad = \ln(1 + x) + 2\arctan\sqrt{x} + C$.

2. 第二类换元积分法

用第二类换元积分法求不定积分 $\int f(x)\mathrm{d}x$ 的具体过程为 $\int f(x)\mathrm{d}x \xlongequal{\diamond x=\varphi(t)}$ $\int f[\varphi(t)]\varphi'(t)\mathrm{d}t = G(t) + C \xlongequal{t=\varphi^{-1}(x)} G[\varphi^{-1}(x)] + C$，其中，$t=\varphi^{-1}(x)$ 是 $x=\varphi(t)$ 的反函数.

在上述过程中，关键是作一个适当的代换 $x=\varphi(t)$，使函数 $f[\varphi(x)]\varphi'(t)$ 的原函数容易求得.当被积函数中含有根式 $\sqrt{a^2-x^2}$ 或 $\sqrt{x^2\pm a^2}$，而又不能凑微分时，常可考虑用第二类换元积分法将被积函数有理化，特别是当被积函数中含有根式 $\sqrt{ax^2+bx+c}$ 而又不能用凑

微分法时，由 $\sqrt{ax^2+bx+c} = \begin{cases} \sqrt{a}\sqrt{\left(x+\dfrac{b}{2a}\right)^2 + \dfrac{4ac-b^2}{4a^2}}, a>0 \\ \sqrt{-a}\sqrt{\dfrac{b^2-4ac}{4a^2} - \left(x+\dfrac{b}{2a}\right)^2}, a<0 \end{cases}$，故可作适当的三角代换，

使其有理化。第二类换元积分法比第一类换元积分法容易掌握，最常用的变量代换是三角代换和倒置换.

(1) 三角代换的方法

对 $\sqrt{a^2-x^2}$，用正弦代换，令 $x=a\sin t/a\cos t$，称之为"弦化"；

对 $\sqrt{a^2+x^2}$，用正切代换，令 $x=a\tan t$，称之为"切化"；

对 $\sqrt{x^2-a^2}$，用正割代换，令 $x=a\sec t$，称之为"割化".

(2) 倒置换的方法

当有理分式函数中分母的阶较高时(一般高于分子的两次方)，可采用倒置换，$x=\dfrac{1}{t}$.

例 4.2.2 求下列不定积分.

(1) $\displaystyle\int \frac{1}{x\sqrt{x^2+1}}\mathrm{d}x$；

解：令 $x=\tan t$，则有

$$\text{原式} = \int \frac{1}{\tan t\sqrt{\tan^2 t+1}}\mathrm{d}(\tan t) = \int \frac{\sec^2 t\mathrm{d}t}{\tan t\sec t} = \int \csc t\mathrm{d}t$$

$$= \ln|\csc t - \cot t| + C = \ln\left|\frac{1-\cos t}{\sin t}\right| + C$$

$$= \ln\frac{\sqrt{1+x^2}-1}{|x|} + C.$$

(2) $\displaystyle\int \frac{\sqrt{a^2-x^2}}{x}\mathrm{d}x$；

解：令 $x=a\sin t$，则有

$$\text{原式} = \int \frac{a\cos t}{a\sin t}a\cos t\mathrm{d}t = a\int \frac{\cos^2 t}{\sin t}\mathrm{d}t = a\int \frac{\cos^2 t}{\sin^2 t}\sin t\mathrm{d}t$$

$$= -a \int \frac{\cos^2 t}{1 - \cos^2 t} \mathrm{d}\cos t = a \int \left(1 - \frac{1}{1 - \cos^2 t}\right) \mathrm{d}\cos t$$

$$= a\cos t + \frac{a}{2} \ln\left|\frac{1 - \cos t}{1 + \cos t}\right| + C .$$

其中，$t = \arcsin \dfrac{x}{a}$，作辅助三角形，如图 4-1 所示.

$$\cos t = \frac{\sqrt{x^2 - a^2}}{x} ,$$

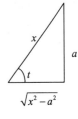

图 4-1

$$\text{原式} = a \frac{\sqrt{x^2 - a^2}}{x} + a \ln\left|\frac{1 - \dfrac{\sqrt{x^2 - a^2}}{x}}{1 + \dfrac{\sqrt{x^2 - a^2}}{x}}\right| + C_1$$

$$= \frac{a\sqrt{x^2 - a^2}}{x} + a \ln\left|\frac{x - \sqrt{x^2 - a^2}}{x + \sqrt{x^2 - a^2}}\right| + C_1$$

$$= \frac{a\sqrt{x^2 - a^2}}{x} + a \ln \frac{(x - \sqrt{x^2 - a^2})^2}{a^2} + C_1$$

$$= \frac{a\sqrt{x^2 - a^2}}{x} + 2a \ln\left|x - \sqrt{x^2 - a^2}\right| + C .$$

(3) $\int \dfrac{1}{x^2 \sqrt{1 + x^2}} \mathrm{d}x$.

解法 1： 令 $x = \tan t$ ，

$$\text{原式} = \int \frac{1}{\tan^2 \cdot \sec t} \cdot \sec^2 t \mathrm{d}t = \int \frac{\cos t}{\sin^2 t} \mathrm{d}t = \int \frac{\mathrm{d}\sin t}{\sin^2 t}$$

$$= -\frac{1}{\sin t} + C = -\frac{\sqrt{1 + x^2}}{x} + C ;$$

解法 2： 令 $x = \dfrac{1}{t}$ ，

$$\text{原式} = \int \frac{t^3}{\sqrt{1 + t^2}} \left(-\frac{1}{t^2}\right) \mathrm{d}t = -\int \frac{t}{\sqrt{1 + t^2}} \mathrm{d}t = -\int \frac{\mathrm{d}(t^2 + 1)}{2\sqrt{1 + t^2}}$$

$$= -\sqrt{1 + t^2} + C = -\sqrt{1 + \frac{1}{x^2}} + C = -\frac{\sqrt{1 + x^2}}{x} + C .$$

例 4.2.3 求 $\int \dfrac{1}{2 + \sqrt{x - 2}} \mathrm{d}x$.

解： 令 $\sqrt{x - 2} = t$,即 $x = t^2 + 2$ ，则有

$$\text{原式} = \int \frac{1}{2 + t} \mathrm{d}(t^2 + 2) = \int \frac{2t}{2 + t} \mathrm{d}t = 2 \int \frac{2 + t - 2}{2 + t} \mathrm{d}t$$

$$= 2 \int \mathrm{d}t - 4 \int \frac{1}{2 + t} \mathrm{d}(2 + t) = 2t - 4\ln(2 + t) + C$$

$$= 2\sqrt{x - 2} - 4\ln(2 + \sqrt{x - 2}) + C .$$

例 4.2.4　求 $\int x^3 \sqrt{4-x^2}\,\mathrm{d}x$.

分析　有些不定积分既可以用第一类换元法计算，也可以用第二类换元法计算，并且同一类换元法中的中间变量也可以有多种选择.选择不同的积分方法可以使得求解积分的难易程度不同. 这就需要在学习与练习中不断地总结、归纳，获得经验，利用多种不同的方法解答问题，从而加深对所学知识的理解.

解法 1：原式 $= \dfrac{1}{2}\int x^2 \sqrt{4-x^2}\,\mathrm{d}(x^2)$

$\qquad\qquad = \dfrac{1}{2}\int [(4-x^2)-4]\sqrt{4-x^2}\,\mathrm{d}(4-x^2)$

$\qquad\qquad = \dfrac{1}{2}\int [(4-x^2)^{\frac{3}{2}} - 4(4-x^2)^{\frac{1}{2}}]\,\mathrm{d}(4-x^2)$

$\qquad\qquad = \dfrac{1}{5}(4-x^2)^{\frac{5}{2}} - \dfrac{4}{3}(4-x^2)^{\frac{3}{2}} + C$.

解法 2：令 $x = 2\sin t$，则有

$\qquad$ 原式 $= \int (2\sin t)^3 \sqrt{4-4\sin^2 t}\,\mathrm{d}(2\sin t)$

$\qquad\qquad = 32\int \sin^3 t \cos^2 t\,\mathrm{d}t$

$\qquad\qquad = -32\int (1-\cos^2 t)\cos^2 t\,\mathrm{d}(\cos t)$

$\qquad\qquad = -32\left(\dfrac{1}{3}\cos^3 t - \dfrac{1}{5}\cos^5 t\right) + C$

$\qquad\qquad = -\dfrac{32}{3}\left(1-\dfrac{x^2}{4}\right)^{\frac{3}{2}} + \dfrac{32}{5}\left(1-\dfrac{x^2}{4}\right)^{\frac{5}{2}} + C$

$\qquad\qquad = -\dfrac{4}{3}(4-x^2)^{\frac{3}{2}} + \dfrac{1}{5}(4-x^2)^{\frac{5}{2}} + C$.

4.2.3　课后练习题

习题 4.2(基础训练)

求下列不定积分.

(1) $\displaystyle\int x\mathrm{e}^{-x^2}\,\mathrm{d}x$；

(2) $\displaystyle\int \dfrac{1}{1+\sqrt{2x}}\,\mathrm{d}x$；

(3) $\int (3-2x)^3 \mathrm{d}x$;

(4) $\int \dfrac{3x^3}{1-4x^4} \mathrm{d}x$;

(5) $\int \sin^3 x \cos^2 x \mathrm{d}x$;

(6) $\int \tan^3 x \mathrm{d}x$;

(7) $\int \dfrac{1}{\mathrm{e}^x - \mathrm{e}^{-x}} \mathrm{d}x$;

(8) $\int \dfrac{1}{\sqrt{4x-x^2}} \mathrm{d}x$;

(9) $\int \dfrac{x}{x-\sqrt{x^2-1}} \mathrm{d}x$;

(10) $\int \dfrac{\sin\sqrt{x}}{\sqrt{x}} \mathrm{d}x$;

(11) $\int \dfrac{1}{3-4x^2} \mathrm{d}x$;

(12) $\int \dfrac{x^2}{\sqrt{4-x^2}} \mathrm{d}x$;

(13) $\int \dfrac{1}{\sqrt{(x^2+1)^3}}\mathrm{d}x$;

(14) $\int \dfrac{1}{x\sqrt{x^2-1}}\mathrm{d}x$.

习题 4.2(能力提升)

求下列不定积分.

(1) $\int \sin^9 x \cos^3 x \mathrm{d}x$;

(2) $\int \dfrac{1}{1+\mathrm{e}^x}\mathrm{d}x$;

(2) $\int \dfrac{x+1}{\sqrt[3]{x^2+2x+3}}\mathrm{d}x$;

(4) $\int \dfrac{\arctan\sqrt{x}}{\sqrt{x}(1+x)}\mathrm{d}x$;

(5) $\int \dfrac{1+\ln x}{(x\ln x)^2}\mathrm{d}x$;

(6) $\int \dfrac{1}{1+\sqrt{1-x^2}}\mathrm{d}x$;

(7) $\int \dfrac{1}{x^2\sqrt{1+x^2}}\mathrm{d}x$;

(8) $\int \sqrt{\dfrac{x-a}{x+a}}\mathrm{d}x(a>0)$.

4.3　分部积分法

4.3.1　重要知识点

1. 分部积分法

定义：设函数 $u = u(x), v = v(x)$ 具有连续导数，则

$$\int u(x)v'(x)\mathrm{d}x = \int u(x)\mathrm{d}v(x) = u(x)v(x) - \int v(x)\mathrm{d}u(x) = u(x)v(x) - \int v(x)u'(x)\mathrm{d}x$$

2. 运用分部积分公式的一些常见形式

(1)　对 $\int P_n(x)\sin\beta x\mathrm{d}x$ 和 $\int P_n(x)\cos\beta x\mathrm{d}x$ 形式，取 $u(x) = P_n(x)$，　$\sin\beta x\mathrm{d}x, \cos\beta x\mathrm{d}x$ 为 $\mathrm{d}v(x)$；

(2)　对 $\int P_n(x)\mathrm{e}^{\lambda x}\mathrm{d}x$ 形式，取 $u(x) = P_n(x)$，$\mathrm{e}^{\lambda x}\mathrm{d}x = \mathrm{d}v(x)$；

(3)　对 $\int P_n(x)\ln^m x\mathrm{d}x$ 形式，取 $u(x) = \ln^m x$，$P_n(x)\mathrm{d}x = \mathrm{d}v(x)$；

(4)　对 $\int P_n(x)\arcsin x\mathrm{d}x, \int P_n(x)\arccos x\mathrm{d}x$ 和 $\int P_n(x)\arctan x\mathrm{d}x$ 形式，取 $u(x) = \arcsin x$、$\arctan x$、$\arccos x$，$P_n(x)\mathrm{d}x = \mathrm{d}v(x)$；

(5)　对 $\int \mathrm{e}^{ax}\cos bx\mathrm{d}x$ 和 $\int \mathrm{e}^{ax}\sin bx\mathrm{d}x$ 形式，取 $u(x) = \mathrm{e}^{ax}$，$\cos bx\mathrm{d}x = \mathrm{d}v(x)$，$\sin bx\mathrm{d}x = \mathrm{d}v(x)$ 或取 $u(x) = \sin bx, \cos bx, \mathrm{e}^{ax}x\mathrm{d}x = \mathrm{d}v(x)$．

其中，$P_n(x)$ 表示 n 次多项式．

4.3.2　典型例题解析

(1)　通过分部积分公式 $\int uv'\mathrm{d}x = uv - \int vu'\mathrm{d}x$，可将不定积分 $\int uv'\mathrm{d}x$ 转化为 $\int vu'\mathrm{d}x$，如果希望此公式能起到简化积分的作用，那么自然要求 $\int vu'\mathrm{d}x$ 比 $\int uv'\mathrm{d}x$ 简单而容易积分，即 u 和 v' 的选取应使：

①　从 v' 容易求出 v；

②　积分 $\int vu'\mathrm{d}x$ 比原积分 $\int uv'\mathrm{d}x$ 易求．

(2)　当被积函数是下列五类函数中某两类函数的乘积时，常考虑使用分部积分法：对数函数、反三角函数、代数函数、三角函数和指数函数．

(3)　分部积分法运用的关键是怎样选取 $u(x)$ 和 $v(x)$，对于常见类型的不定积分通常可采用"反对幂指三"法．在这里，"反"是指反三角函数；"对"是指对数函数；"幂"是指幂函数；"指"是指指数函数；"三"指三角函数．

"反对幂指三"方法是指如遇原来的不定积分的被积函数中是这五种函数中任意两种的乘积形式，则选择位于"反对幂指三"五字中前面那个字所代表的函数作 u，余下的表达式作 $\mathrm{d}v$. 分部积分法的运用往往与换元法结合.

(4) 分部积分法的主要作用.

① 逐步化简积分式(如例 4.3.1)；

② 产生循环现象，从而求出积分(如例 4.3.2)；

③ 建立递推公式(如例 4.3.2)).

例 4.3.1 求下列不定积分.

(1) $\displaystyle\int x\ln(x-1)\mathrm{d}x$ ；

分析 利用"反对幂指三"法，$\ln(x-1)$ 是对数函数，x 是幂函数，故选 $u=\ln(x-1)$.

解： 设 $u=\ln(x-1)$ ，则 $v'=x, v=\dfrac{1}{2}x^2, u'=\dfrac{1}{x-1}$ ，

故　　　　$\displaystyle\text{原式}=\int\ln(x-1)\mathrm{d}\left(\frac{1}{2}x^2\right)$

$$=\frac{1}{2}x^2\ln(x-1)-\int\frac{1}{2}x^2\frac{1}{x-1}\mathrm{d}x$$

$$=\frac{x^2}{2}\ln(x-1)-\frac{1}{2}\left(\frac{x^2}{2}+x+\ln|x-1|\right)+C .$$

(2) $\displaystyle\int x\sin 2x\mathrm{d}x$ ；

解： 设 $u=x$ ，则 $v'=\sin 2x, v=-\dfrac{1}{2}\cos 2x, u'=1$ ，

故　　　　$\displaystyle\text{原式}=-\frac{1}{2}\int x\mathrm{d}\cos 2x$

$$=-\frac{1}{2}x\cos 2x+\frac{1}{2}\int\cos 2x\mathrm{d}x$$

$$=-\frac{x}{2}\cos 2x+\frac{1}{4}\sin 2x+C .$$

(3) $\displaystyle\int x^2\mathrm{e}^{-x}\mathrm{d}x$ ；

解： 设 $u=x^2$ ，则 $v'=\mathrm{e}^{-x}, v=-\mathrm{e}^{-x}, u'=2x$ ，

故　　　　$\displaystyle\text{原式}=-\int x^2\mathrm{d}\mathrm{e}^{-x}=-x^2\mathrm{e}^{-x}+\int\mathrm{e}^{-x}\cdot 2x\mathrm{d}x$

$$=-x^2\mathrm{e}^{-x}-2\int x\mathrm{d}\mathrm{e}^{-x}$$

$$=-x^2\mathrm{e}^{-x}-2x\mathrm{e}^{-x}+2\int\mathrm{e}^{-x}\mathrm{d}x$$

$$=-x^2\mathrm{e}^{-x}-2x\mathrm{e}^{-x}-2\mathrm{e}^{-x}+C .$$

(4) $\int x^3 \arcsin \dfrac{1}{x} \mathrm{d}x$.

解：设 $u = \arcsin \dfrac{1}{x}$, 则 $v' = x^3, v = \dfrac{1}{4}x^4, u' = \dfrac{1}{\sqrt{1-\dfrac{1}{x^2}}}\left(-\dfrac{1}{x^2}\right)$,

故 　 　 原式 $= \dfrac{1}{4} \int \arcsin \dfrac{1}{x} \mathrm{d}x^4$

$$= \dfrac{1}{4} x^4 \arcsin \dfrac{1}{x} - \dfrac{1}{4}\int x^4 \cdot \dfrac{1}{\sqrt{1-\dfrac{1}{x^2}}} \cdot \left(-\dfrac{1}{x^2}\right)\mathrm{d}x$$

$$= \dfrac{1}{4} x^4 \arcsin \dfrac{1}{x} + \dfrac{1}{4}\int \dfrac{x^3}{\sqrt{x^2-1}}\mathrm{d}x$$

$$= \dfrac{1}{4} x^4 \arcsin \dfrac{1}{x} + \dfrac{1}{8}\int \left[(x^2-1)^{-\frac{1}{2}} + (x^2-1)^{\frac{1}{2}}\right]\mathrm{d}(x^2-1)$$

$$= \dfrac{1}{4} x^4 \arcsin \dfrac{1}{x} + \dfrac{1}{4}(x^2-1)^{\frac{1}{2}} + \dfrac{1}{12}(x^2-1)^{\frac{3}{2}} + C .$$

例 4.3.2 　 求 $\int \mathrm{e}^x \sin x \mathrm{d}x$.

分析 　 这个不定积分的被积函数由指数函数和三角函数的乘积构成，可用"指弦任选"法选 u ，但在反复使用分部积分法的过程中，每次所选 u 均应是同一类函数，否则，不仅不会产生循环现象，反而会一来一往地恢复原状.

解：设 $u = \sin x$ ，则 $v' = \mathrm{e}^x$ ， $v = \mathrm{e}^x$ ， $u' = \cos x$

故 　 　 $\int \mathrm{e}^x \sin x \mathrm{d}x = \mathrm{e}^x \sin x - \int \mathrm{e}^x \cos x \mathrm{d}x$

$$= \mathrm{e}^x \sin x - \mathrm{e}^x \cos x - \int \mathrm{e}^x \sin x \mathrm{d}x$$

移项得 　 　 $\int \mathrm{e}^x \sin x \mathrm{d}x = \dfrac{1}{2}\mathrm{e}^x(\sin x - \cos x) + C$.

例 4.3.3 　 导出 $I_n = \int \sec^n x \mathrm{d}x$ 关于下标 n 的递推公式，并求 $\int \sec^3 x \mathrm{d}x$.

解： $I_n = \int \sec^{n-2} x \cdot \sec^2 x \mathrm{d}x$

$$= \int \sec^{n-2} x \mathrm{d}\tan x$$

$$= \sec^{n-2} x \tan x - (n-2)\int \sec^{n-2} x \tan^2 x \mathrm{d}x$$

$$= \sec^{n-2} x \tan x - (n-2)\int \sec^n x \mathrm{d}x + (n-2)\int \sec^{n-2} x \mathrm{d}x$$

$$= \sec^{n-2} x \tan x - (n-2)I_n + (n-2)I_{n-2}$$

移项，合并得 　 $I_n = \dfrac{1}{n-1}\sec^{n-2} x \tan x + \dfrac{n-2}{n-1}I_{n-2}$.

利用递推公式得 $\quad\int \sec^3 x \mathrm{d}x = I_3 = \frac{1}{2}\sec x \tan x + \frac{1}{2}\int \sec x \mathrm{d}x$

$$= \frac{1}{2}\sec x \tan x + \frac{1}{2}\ln|\tan x + \sec x| + C.$$

例 4.3.4　求 $\int e^{\sqrt[3]{x}} \mathrm{d}x$.

解：令 $x = t^3$，

原式 $= \int e^t \cdot 3t^2 \mathrm{d}t = 3\int t^2 \mathrm{d}e^t = 3t^2 e^t - 6\int t e^t \mathrm{d}t$

$$= 3t^2 e^t - 6\int t \mathrm{d}e^t = 3t^2 e^t - 6t e^t + 6\int e^t \mathrm{d}t$$

$$= 3e^t(t^2 - 2t + 2) + C = 3e^{\sqrt[3]{x}}(\sqrt[3]{x^2} - 2\sqrt[3]{x} + 2) + C.$$

4.3.3　课后练习题

习题 4.3(基础训练)

1.　设 $\int f(x)\mathrm{d}x = \arcsin x + C$，则

(1) $\int x f(x)\mathrm{d}x = $ _____ .

(2) $\int x f'(x)\mathrm{d}x = $ _____ .

(3) $\int x f''(x)\mathrm{d}x = $ _____ .

2.　求下列不定积分.

(1) $\int x e^{3x} \mathrm{d}x$；　　　　　　　　　(2) $\int x \sin x \cos x \mathrm{d}x$；

(3) $\int x \ln x \mathrm{d}x$；　　　　　　　　　(4) $\int \arcsin x \mathrm{d}x$；

(5) $\int \mathrm{e}^x \cos x \mathrm{d}x$;

(6) $\int \mathrm{e}^{\sqrt{x}} \mathrm{d}x$;

(7) $\int \dfrac{\ln(1+x)}{(1+x)^2} \mathrm{d}x$;

(8) $\int x \tan^2 x \mathrm{d}x$.

习题 4.3(能力提升)

求下列不定积分.

(1) $\int \dfrac{x\mathrm{e}^x}{\sqrt{\mathrm{e}^x-1}} \mathrm{d}x$;

(2) $\int \dfrac{x^2}{1+x^2} \arctan x \mathrm{d}x$;

(3) $\int \sin(\ln x) \mathrm{d}x$;

(4) $\int \left(\arctan \sqrt{x}\right)^2 \mathrm{d}x$.

4.4 有理函数的积分

4.4.1 重要知识点

1. 有理函数的积分

(1) 任何一个有理真分式 $\dfrac{P(x)}{Q(x)}$ 借助于部分分式均可化为下列四种类型：

$\dfrac{A}{x-a}$，$\dfrac{A}{(x-a)^n}$，$\dfrac{Ax+B}{x^2+px+q}$，$\dfrac{Ax+B}{(x^2+px+q)^n}$，其中 $p^2-4q<0$.

(2) 部分分式的积分：

$$\int \frac{A}{x-a}\mathrm{d}x = A\ln|x-a|+C ;$$

$$\int \frac{A}{(x-a)^n}\mathrm{d}x = \frac{A}{1-n}(x-a)^{1-n}+C(n>1) ;$$

$$\int \frac{Ax+B}{x^2+px+q} = \int \frac{\dfrac{A}{2}(2x+p)+B-\dfrac{Ap}{2}}{x^2+px+q}\mathrm{d}x$$

$$= \frac{A}{2}\int \frac{\mathrm{d}(x^2+px+q)}{x^2+px+q}+\left(B-\frac{Ap}{2}\right)\int \frac{\mathrm{d}x}{\left(x+\dfrac{p}{2}\right)^2+q-\dfrac{p^2}{4}}$$

$$= \frac{A}{2}\ln|x^2+px+q|+\left(B-\frac{Ap}{2}\right)\frac{1}{\sqrt{q-\dfrac{p^2}{4}}}\arctan\frac{x+\dfrac{p}{2}}{\sqrt{q-\dfrac{p^2}{4}}}+C ;$$

$$\int \frac{Ax+B}{(x^2+px+q)^n}\mathrm{d}x = \frac{A}{2}\int \frac{\mathrm{d}(x^2+px+q)}{(x^2+px+q)^n}+\left(B-\frac{Ap}{2}\right)\int \frac{\mathrm{d}x}{\left[\left(x+\dfrac{p}{2}\right)^2+\left(q-\dfrac{p^2}{4}\right)\right]^n}$$

$$= \frac{A}{2(1-n)}(x^2+px+q)^{1-n}+\left(B-\frac{Ap}{2}\right)J_n ,$$

其中 $J_n = \displaystyle\int \frac{\mathrm{d}u}{(u^2+a^2)^n} = \frac{1}{2a^2(n-1)}\left[\frac{u}{(u^2+a^2)^{n-1}}+(2n-3)J_{n-1}\right]$，

其中 $J_1 = \displaystyle\int \frac{\mathrm{d}u}{u^2+a^2} = \frac{1}{a}\arctan\frac{u}{a}+C$.

2. 三角函数有理式的积分

三角函数有理式 $R(\sin x,\cos x)$ 通过下列万能置换公式化为有理函数：

$$\tan\frac{x}{2}=t ，\quad \sin x = \frac{2t}{1+t^2}，\quad \cos x = \frac{1-t^2}{1+t^2}，\quad \mathrm{d}x = \frac{2\mathrm{d}t}{1+t^2}.$$

3. 简单无理函数的积分

(1) $\int R(x, \sqrt[n]{ax+b})\mathrm{d}x$, 令 $t = \sqrt[n]{ax+b}$;

(2) $\int R\left(x, \sqrt[n]{\dfrac{ax+b}{cx+d}}\right)\mathrm{d}x$, 令 $t = \sqrt[n]{\dfrac{ax+b}{cx+d}}$;

(3) $\int R(x, \sqrt{ax^2+bx+c})\mathrm{d}x$, 先化为 $\int R(u, \sqrt{Au^2+B})\mathrm{d}u$, 再用三角函数式代换;

(4) $\int R\left(x, \sqrt[n_1]{\dfrac{ax+b}{cx+d}}, \sqrt[n_2]{\dfrac{ax+b}{cx+d}}, \cdots, \sqrt[n_k]{\dfrac{ax+b}{cx+d}}\right)\mathrm{d}x$, 令 $t^N = \dfrac{ax+b}{cx+d}$ (N 为 $n_1, \cdots, n_k$ 的最小公倍数);

(5) $\int R(\sqrt{a-x}, \sqrt{b-x})\mathrm{d}x$, 令 $\sqrt{a-x} = \sqrt{b-a}\tan t$;

(6) $\int R(\sqrt{x-a}, \sqrt{b-x})\mathrm{d}x$, 令 $\sqrt{x-a} = \sqrt{b-a}\sin t$;

(7) $\int R(\sqrt{x-a}, \sqrt{x-b})\mathrm{d}x$, 令 $\sqrt{x-a} = \sqrt{b-a}\sec t$.

4.4.2 典型题型解析

1. 分式有理函数分解为部分分式的方法

(1) 比较系数法,这是最基本的一种方法,但有时相当繁杂(如例 4.4.1(1));

(2) 赋值法(如例 4.4.1(1));

(3) 拼凑法(如例 4.4.1(2));

(4) 逐次约减法(如例 4.4.1(3));

(5) 求导法(如例 4.4.1(3)).

实际上,在解题过程中各种方法可穿插使用,即化简到哪一步感到使用哪个方法比较方便,就用哪个方法解,尽可能地使解法更简单些.

例 4.4.1 将以下有理式分解为部分分式.

(1) $\dfrac{x+3}{x^2-5x+6}$;

解法 1:利用比较系数法

$$原式 = \frac{x+3}{(x-2)(x-3)} = \frac{A}{x-2} + \frac{B}{x-3} , \tag{4.4.1}$$

显然 $\quad x+3 = A(x-3) + B(x-2) = (A+B)x - (3A+2B)$

建立方程组 $\begin{cases} A+B=1 \\ -(3A+2B)=3 \end{cases}$, 解得 $\begin{cases} A=-5 \\ B=6 \end{cases}$.

解法 2:利用赋值法

由式(4.4.1)　得 $A = \dfrac{x+3}{x-3} - \dfrac{B}{x-3}(x-2)$，令 $x=2$，得 $A=-5$，

又由式(4.4.1)得 $B = \dfrac{x+3}{x-2} - \dfrac{A}{x-2}(x-3)$，令 $x=3$，得 $B=6$.

(2)　$\dfrac{1}{x(x-1)^2}$.

解：利用拼凑法

$$原式 = \dfrac{x-(x-1)}{x(x-1)^2} = \dfrac{1}{(x-1)^2} - \dfrac{1}{x(x-1)} = \dfrac{1}{(x-1)^2} - \dfrac{x-(x-1)}{x(x-1)}$$

$$= \dfrac{1}{(x-1)^2} - \dfrac{1}{x-1} + \dfrac{1}{x}.$$

(3)　$\dfrac{1+6x+x^2-3x^3}{(x-1)^3(x^2+2x+2)}$.

解法 1：利用逐次约减法

$$\dfrac{1+6x+x^2-3x^3}{(x-1)^3(x^2+2x+2)} = \dfrac{A}{x-1} + \dfrac{B}{(x-1)^2} + \dfrac{C}{(x-1)^3} + \dfrac{Dx+E}{(x^2+2x+2)}$$

去分母得

$$1+6x+x^2-3x^3 = \left[A(x-1)^2+B(x-1)+C\right](x^2+2x+2)+(Dx+E)(x-1)^3 \qquad (4.4.2)$$

令 $x=1$，得 $C=1$，

以 $C=1$ 代入式(4.4.2)右端后，将以 C 为系数的项移到等式的左边，再于两边约去因式 $(x-1)$，得

$$-3x^2-3x+1 = \left[A(x-1)+B\right](x^2+2x+2)+(Dx+E)(x-1)^2 \qquad (4.4.3)$$

以 $B=-1$ 代入式(4.4.3)后，将以 B 为系数的项移到等式左边，两边再约去因式 $(x-1)$，得

$$-2x-3 = A(x^2+2x+2)+(Dx+E)(x-1) \qquad (4.4.4)$$

令 $x=1$，得 $A=-1$，

以 $A=-1$ 代入式(4.4.4)，将以 A 为系数的项移到等式左边后，两边约去因式 $(x-1)$，

得 $x+1=Dx+E$，显然 $D=E=1$，

故　　$\dfrac{1+6x+x^2-3x^3}{(x-1)^3(x^2+2x+2)} = \dfrac{-1}{x-1} + \dfrac{-1}{(x-1)^2} + \dfrac{1}{(x-1)^3} + \dfrac{x+1}{(x^2+2x+2)}$.

解法 2：利用求导法

对式(4.4.2)，令 $x=1$，得 $C=1$，

以 $C=1$ 代入式(4.4.2)后，将以 C 为系数的项移到等式左边后，两边求导数得

$$4-9x^2 = [2A(x-1)+B](x^2+2x+2)+2(x+1)[A(x-1)^2+B(x-1)]+D(x-1)^3$$
$$+3(Dx+E)(x-1)^2, \qquad (4.4.5)$$

令 $x=1$，得 $B=-1$.

以 $B=-1$ 代入式(4.4.5)，并将以 B 为系数的项移至等式左边后，两边再求导并约去公

因子 2，得

$$1 - 6x = A[(x^2 + 2x + 2) + 4(x^2 - 1) + (x - 1)^2] + 3D(x - 1)^2 + 3(Dx + E)(x - 1) \quad (4.4.6)$$

在式(4.4.6)中令 $x = 1$，得 $A = -1$.

以 $A = -1$ 代入式(4.4.6)，移项，求导并约去公因子 3，得 $4x - 2 = 4Dx - 3D + E$，　故 $D = E = 1$.

2. 求有理函数积分的方法

(1) 若被积函数是有理假分式，则首先用多项式除法将其分解为多项式与有理真分式的和；

(2) 对有理真分式的积分来说，若其分母易于分解因式，则用部分分式法求其积分；

(3) 当有理真分式的分母次数较高而难于分解因式，或部分分式法用起来很麻烦时，可考虑用其他方法.

例 4.4.2　求下列有理函数的积分.

(1) $\displaystyle\int \frac{x^2 + 1}{(x + 1)^2 (x - 1)} dx$；

解：设　$\displaystyle\frac{x^2 + 1}{(x + 1)^2 (x - 1)} = \frac{A}{x - 1} + \frac{B}{x + 1} + \frac{C}{(x + 1)^2}$，

则　　　　　　　　$A(x + 1)^2 + B(x + 1)(x - 1) + C(x - 1) = x^2 + 1$，

令 $x = 1$，得 $A = \dfrac{1}{2}$；　　令 $x = -1$，得 $C = -1$；

令 $x = 0$，得 $A - B - C = 1$，所以 $B = \dfrac{1}{2}$.

于是　　　　　原式 $\displaystyle= \int \left[\frac{1}{2(x - 1)} + \frac{1}{2(x + 1)} - \frac{1}{(x + 1)^2} \right] dx$

$$= \frac{1}{2} \ln |x - 1| + \frac{1}{2} \ln |x + 1| + \frac{1}{x + 1} + C.$$

(2) $\displaystyle\int \frac{dx}{x(x^8 + 1)}$.

分析　将 $x^8 + 1$ 分解因式比较困难，故不宜直接用部分分式法求解，在此用凑微分法.

解：原式 $\displaystyle= \int \frac{x^{-9}}{1 + x^{-8}} dx = -\frac{1}{8} \int \frac{d(1 + x^{-8})}{1 + x^{-8}} = -\frac{1}{8} \ln |1 + x^{-8}| + C.$

3. 求三角函数有理式的积分的方法

(1) 形如 $\displaystyle\int R(\sin x) \cos x \, dx$ 或 $\displaystyle\int R(\cos x) \sin x \, dx$ 的积分，可通过换元，令 $t = \sin x$ 或 $t = \cos x$ 将其化为有理函数的积分 $\displaystyle\int R(t) dt$（如例 4.4.3 (1)）；

(2) 形如 $\displaystyle\int R(\sin^2 x, \cos^2 x) dx$ 或 $\displaystyle\int R(\tan x) dx$ 的积分，可通过换元，令 $t = \tan x$ 或 $t = \cot x$ 化为有理函数的积分；

(3) 形如 $\int \sin mx \cos nx \mathrm{d}x$ 或 $\sin mx \sin nx \mathrm{d}x$ 或 $\int \cos mx \cos nx \mathrm{d}x$ 的积分，应当利用积化和差公式将被积函数变形后再积分；

(4) 形如 $\int \sin^{2m} x \cos^{2n} x \mathrm{d}x$ 的积分，应对被积函数进行降幂处理后再积分(如例 4.4.3(2))；

(5) 形如 $\int \dfrac{a\sin x + b\cos x}{c\sin x + \mathrm{d}\cos x}\mathrm{d}x$ 的三角函数有理式的积分可采用拆项的方法，拆成 $A\int \dfrac{(c\sin x + \mathrm{d}\cos x)'}{c\sin x + \mathrm{d}\cos x}\mathrm{d}x + B\int \dfrac{c\sin x + \mathrm{d}\cos x}{c\sin x + \mathrm{d}\cos x}\mathrm{d}x$，其中 A,B 为待定系数，可由表达式 $A(c\sin x + \mathrm{d}\cos x)' + B(c\sin x + \mathrm{d}\cos x) = a\sin x + b\cos x$ 通过比较系数确定.

例 4.4.3 求下列三角函数有理式的积分.

(1) $\int \dfrac{\sin x \cos x}{1 + \sin^4 x}\mathrm{d}x$；

解：令 $t = \sin x$，则

$$原式 = \int \frac{t\mathrm{d}t}{1+t^4} = \frac{1}{2}\int \frac{\mathrm{d}t^2}{1+t^4} = \frac{1}{2}\arctan t^2 + C = \frac{1}{2}\arctan(\sin^2 x) + C.$$

(2) $\int \sin^2 x \cos^2 x \mathrm{d}x$.

解：
$$原式 = \frac{1}{4}\int (1 - \cos 2x)(1 + \cos 2x)\mathrm{d}x = \frac{1}{4}\int \left(1 - \frac{1+\cos 4x}{2}\right)\mathrm{d}x$$
$$= \frac{1}{8}\int (1 - \cos 4x)\mathrm{d}x = \frac{1}{8}\left(x - \frac{1}{4}\sin 4x\right) + C.$$

(3) $\int \dfrac{1}{5 + 4\sin x}\mathrm{d}x$.

解：令 $\tan \dfrac{x}{2} = t$，则 $\sin x = \dfrac{2t}{1+t^2}$，$\mathrm{d}x = \dfrac{2\mathrm{d}t}{1+t^2}$，

$$原式 = \int \frac{1}{5 + 4 \cdot \dfrac{2t}{1+t^2}} \cdot \frac{2\mathrm{d}t}{1+t^2} = \int \frac{2\mathrm{d}t}{5 + 5t^2 + 8t}$$

$$= \frac{2}{5}\int \frac{\mathrm{d}t}{t^2 + \dfrac{8}{5}t + 1} = \frac{2}{5}\int \frac{1}{\left(t + \dfrac{4}{5}\right)^2 + \left(\dfrac{3}{5}\right)^2}\mathrm{d}t$$

$$= \frac{2}{5} \cdot \frac{5}{3}\arctan \frac{5t+4}{3} + C$$

$$= \frac{2}{3}\arctan \frac{5t+4}{3} + C，\quad 其中 \ t = \tan \frac{x}{2}.$$

例 4.4.4 求 $\int \dfrac{\mathrm{d}x}{1 + \sqrt[3]{x+2}}$.

解：令 $u = \sqrt[3]{x+2}$，则 $x = u^3 - 2$，$\mathrm{d}x = 3u^2 \mathrm{d}u$

$$原式 = \int \frac{3u^2}{1+u} du = 3 \int \frac{(u^2-1)+1}{1+u} du$$

$$= 3 \int \left(u - 1 + \frac{1}{1+u} \right) du = 3 \left[\frac{1}{2} u^2 - u + \ln|1+u| \right] + C$$

$$= \frac{3}{2} \sqrt[3]{(x+2)^2} - 3 \sqrt[3]{x+2} + 3 \ln|1 + \sqrt[3]{x+2}| + C.$$

4.4.3　课后练习题

习题 4.4(基础训练)

1. 下列有理函数式的分解式是否恰当?

(1) $\dfrac{x+1}{4x(x^2-1)^2} = \dfrac{A}{x} + \dfrac{Bx+C}{x^2-1} + \dfrac{Dx+E}{(x^2-1)^2}$;

(2) $\dfrac{(x-1)(x^3+2)}{x^2(x^2-x+1)} = \dfrac{A}{x} + \dfrac{B}{x^2} + \dfrac{Cx+D}{x^2-x+1}$.

2. 求下列不定积分.

(1) $\displaystyle\int \frac{1}{x^2-x-6} dx$;

(2) $\displaystyle\int \frac{x}{x^2-x-2} dx$;

(3) $\int \dfrac{1}{x^3 + x} dx$;

(4) $\int \dfrac{1}{(x^2+1)(x^2-x)} dx$;

(5) $\int \dfrac{x^4}{x+2} dx$;

(6) $\int \dfrac{x^4 - x^3}{x^2 + 1} dx$;

(7) $\int \dfrac{1}{2 + \sin x} dx$;

(8) $\int \dfrac{1}{\sqrt{x} + \sqrt[4]{x}} dx$.

习题 4.4(能力提升)

求下列不定积分.

(1) $\int \dfrac{x^{15}}{(x^8+1)^2} dx$;

(2) $\int \dfrac{x^3 + 2}{(x+1)^2 (x^2 + 1)} dx$;

(3) $\displaystyle\int \frac{1}{1+\sin x+\cos x}\mathrm{d}x$；

(4) $\displaystyle\int \sqrt{\frac{1-x}{1+x}}\cdot\frac{\mathrm{d}x}{x}$；

(5) $\displaystyle\int \frac{1}{x^6\left(x^2+1\right)}\mathrm{d}x$.

第 5 章 定 积 分

本章知识导航：

$$
\text{定积分}
\begin{cases}
\text{定义}
\begin{cases}
\text{定义分四步：分割、近似、求和、取极限} \\[2mm]
\text{几何意义：曲边梯形的面积}
\end{cases} \\[6mm]
\text{性质：线性性、区间可加性、保序性、保号性、积分中值定理} \\[4mm]
\text{计算定积分的方法：}
\begin{cases}
\text{(1) 定义} \\
\text{(2) 牛顿-莱布尼茨公式} \\
\text{(3) 换元积分法} \\
\text{(4) 分部积分法}
\end{cases} \\[6mm]
\text{反常积分}
\begin{cases}
\text{无穷限的反常积分} \\
\text{无界函数的反常积分}
\end{cases}
\end{cases}
$$

5.1 定积分的概念与性质

5.1.1 重要知识点

1. 定积分的定义

设函数 $f(x)$ 在 $[a,b]$ 上有界，

分割：在 $[a,b]$ 中任意插入 $n-1$ 个分点：$a = x_0 < x_1 < x_2 < \cdots < x_{n-1} < x_n = b$，把区间 $[a,b]$ 分成 n 个小区间 $[x_0,x_1],[x_1,x_2],\cdots,[x_{n-1},x_n]$，各个小区间的长度依次为 $\Delta x_1 = x_1 - x_0$，$\Delta x_2 = x_2 - x_1$，$\cdots$，$\Delta x_n = x_n - x_{n-1}$．

作乘积：在每个小区间 $[x_{i-1},x_i]$ 上任取一点 ξ_i，作乘积 $f(\xi_i)\Delta x_i$ $(i = 1,2,\cdots,n)$．

求和：$\displaystyle\sum_{i=1}^{n}(\xi_i)\Delta x_i$．

记 $\lambda = \max\{\Delta x_1, \Delta x_2, \cdots, \Delta x_n\}$

取极限：如果 $\displaystyle\lim_{\lambda \to 0} f(\xi_i)\Delta x_i$ 有极限值 I，并且这个极限值与 $[a,b]$ 的分法及 ξ_i 的取法无关，那么称 $f(x)$ 在 $[a,b]$ 上可积，并称这个极限值为函数 $f(x)$ 在 $[a,b]$ 上的定积分，记作 $\displaystyle\int_a^b f(x)\mathrm{d}x$．即

$$\int_a^b f(x)\mathrm{d}x = \lim_{\lambda \to 0} \sum_{i=1}^n f(\xi_i)\Delta x_i .$$

2. 定积分存在的充分条件

若 $f(x)$ 在区间 $[a,b]$ 上连续，或 $f(x)$ 在 $[a,b]$ 上有界且只有有限个间断点，则 $f(x)$ 在 $[a,b]$ 上可积.

3. 定积分的几何意义

$\int_a^b f(x)\mathrm{d}x$ 表示曲线 $y=f(x)$，x 轴及两条直线 $x=a$，$x=b$ 所围成的曲边梯形面积的代数和.

4. 定积分的性质

(1) $\displaystyle\int_a^b [f(x) \pm g(x)]\mathrm{d}x = \int_a^b f(x)\mathrm{d}x \pm \int_a^b g(x)\mathrm{d}x$;

(2) $\displaystyle\int_a^b kf(x)\mathrm{d}x = k\int_a^b f(x)\mathrm{d}x$;

(3) $\displaystyle\int_a^b f(x)\mathrm{d}x = \int_a^c f(x)\mathrm{d}x + \int_c^b f(x)\mathrm{d}x$;

(4) $\displaystyle\int_a^b 1\mathrm{d}x = b - a$;

(5) 如果在区间 $[a,b]$ 上，$f(x) \geqslant 0$，则 $\displaystyle\int_a^b f(x)\mathrm{d}x \geqslant 0$.

推论 1： 如果在 $[a,b]$ 上，$f(x) \leqslant g(x)$，则 $\displaystyle\int_a^b f(x)\mathrm{d}x \leqslant \int_a^b g(x)\mathrm{d}x$.

推论 2： $\left| \displaystyle\int_a^b f(x)\mathrm{d}x \right| \leqslant \int_a^b |f(x)|\mathrm{d}x, \ a < b$.

(6) 设 M 及 m 分别是函数 $f(x)$ 在区间 $[a,b]$ 上的最大值及最小值，则

$$m(b-a) \leqslant \int_a^b f(x)\mathrm{d}x \leqslant M(b-a) .$$

(7) 定积分中值定理

如果函数 $f(x)$ 在闭区间 $[a,b]$ 上连续，则在 $[a,b]$ 上至少存在一点 ξ，使得 $\displaystyle\int_a^b f(x)\mathrm{d}x = f(\xi)(b-a), a \leqslant \xi \leqslant b$.

5.1.2　典型例题解析

例 5.1.1　利用定积分的几何意义求定积分 $\displaystyle\int_0^1 \sqrt{1-x^2}\,\mathrm{d}x$.

分析　定积分的几何意义。

设 A 表示曲线 $y=f(x), x$ 轴及两条直线 $x=a, x=b$ 所围成的曲边梯形的面积，则

(1) 当在 $[a,b]$ 上 $f(x) \geqslant 0$ 时，$\int_a^b f(x)\mathrm{d}x = A$.

(2) 当在 $[a,b]$ 上 $f(x) \leqslant 0$ 时，$\int_a^b f(x)\mathrm{d}x = -A$.

(3) 当在 $[a,b]$ 上 $f(x)$ 有正有负时，$\int_a^b f(x)\mathrm{d}x = x$ 轴上方的面积 $- x$ 轴下方的面积.

解： $\int_0^1 \sqrt{1-x^2}\,\mathrm{d}x$ 在几何上表示由 $x=0, y=0, y=\sqrt{1-x^2}$ 所围图形(见图 5-1)的面积，

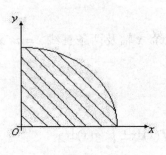

图 5-1

所以，$\int_0^1 \sqrt{1-x^2}\,\mathrm{d}x = \dfrac{1}{4}\pi$.

例 5.1.2 比较 $\int_1^2 (\ln x)^3\,\mathrm{d}x$ 与 $\int_1^2 (\ln x)^2\,\mathrm{d}x$ 的大小.

分析 如果在 $[a,b]$ 上，$f(x) \leqslant g(x)$，则 $\int_a^b f(x)\mathrm{d}x \leqslant \int_a^b g(x)\mathrm{d}x$.

解： 在 $[1,2]$ 上，$0 \leqslant \ln x \leqslant \ln 2 < 1$，

所以，$(\ln x)^3 \leqslant (\ln x)^2$，且 $(\ln x)^3 \neq (\ln x)^2$，故

$$\int_1^2 (\ln x)^3\,\mathrm{d}x < \int_1^2 (\ln x)^2\,\mathrm{d}x.$$

例 5.1.3 估计定积分 $\int_0^2 \mathrm{e}^{x^2-x}\,\mathrm{d}x$ 的值.

分析 设 M 及 m 分别是函数 $f(x)$ 在区间 $[a,b]$ 上的最大值及最小值，则

$$m(b-a) \leqslant \int_a^b f(x)\mathrm{d}x \leqslant M(b-a).$$

解： 因为 $f'(x) = \mathrm{e}^{x^2-x} \cdot (2x-1)$，

令 $f'(x)=0$ 得驻点 $x=\dfrac{1}{2}$，而 $f(0)=\mathrm{e}^0=1, f(2)=\mathrm{e}^2, f\left(\dfrac{1}{2}\right)=\mathrm{e}^{-\frac{1}{4}}$，

故　　　$\mathrm{e}^{-\frac{1}{4}} \leqslant f(x) \leqslant \mathrm{e}^2,\ x \in [0,2]$，

从而　　$2\mathrm{e}^{-\frac{1}{4}} \leqslant \int_0^2 \mathrm{e}^{x^2-x}\,\mathrm{d}x \leqslant 2\mathrm{e}^2$.

5.1.3　课后练习题

习题 5.1(基础训练)

1. 选择题.

(1) 定积分 $\int_a^b f(x)\mathrm{d}x$ 的值是(　　　).

  A. $f(x)$ 的一个原函数　　　　　　B. 一个确定的数

  C. $f(x)$ 的全体原函数　　　　　　D. 一个非负数

(2) 设 $f(x)$ 在区间 $[a,b]$ 上连续，则 $\int_a^b f(x)\mathrm{d}x - \int_a^b f(t)\mathrm{d}t$ 的值为(　　　).

  A. 小于零　　　　B. 大于零　　　　C. 等于零　　　　D. 以上都不对

2. 利用定积分的几何意义，求下列定积分的值.

(1) $\int_{-\frac{\pi}{2}}^{\frac{\pi}{2}} \sin x\,\mathrm{d}x$;　　　　　　　　　　(2) $\int_0^1 \sqrt{1-x^2}\,\mathrm{d}x$.

3. 设 $\int_{-1}^1 3f(x)\mathrm{d}x = 18, \int_{-1}^3 f(x)\mathrm{d}x = 4, \int_{-1}^3 g(x)\mathrm{d}x = 3$. 求：

(1) $\int_{-1}^1 f(x)\mathrm{d}x$;　　　　　　　　　　(2) $\int_1^3 f(x)\mathrm{d}x$;

(3) $\int_3^{-1} g(x)\mathrm{d}x$;　　　　　　　　　　(4) $\int_{-1}^3 \frac{1}{5}[4f(x)+3g(x)]\mathrm{d}x$.

4. 比较下列定积分的大小.

(1) $\displaystyle\int_0^1 x\,\mathrm{d}x$ 与 $\displaystyle\int_0^1 x^3\,\mathrm{d}x$;

(2) $\displaystyle\int_1^2 \ln x\,\mathrm{d}x$ 与 $\displaystyle\int_1^2 (\ln x)^2\,\mathrm{d}x$.

5. 估计定积分 $\displaystyle\int_0^{\frac{\pi}{2}} \mathrm{e}^{\cos x}\,\mathrm{d}x$ 的取值范围.

习题 5.1(能力提升)

1. 利用中值定理求 $\displaystyle\lim_{x\to a}\int_a^x f(t)\,\mathrm{d}t$ ，其中 $f(t)$ 是连续函数.

2. 设 $f(x)$ 在 $[a,b]$ 上是单调增加的可积函数，求证：

$$f(a)(b-a) \leqslant \int_a^b f(x)\,\mathrm{d}x \leqslant f(b)(b-a).$$

5.2 定积分基本定理

5.2.1 重要知识点

1. 变限函数的导数

变上限：$\left(\displaystyle\int_a^{h(x)} f(t)\mathrm{d}t \right)' = f[h(x)] \cdot h'(x)$

变下限：$\left(\displaystyle\int_{g(x)}^b f(t)\mathrm{d}t \right)' = -f[g(x)] \cdot g'(x)$

上下限均变：$\left(\displaystyle\int_{g(x)}^{h(x)} f(t)\mathrm{d}t \right)' = f[h(x)] \cdot h'(x) - f[g(x)] \cdot g'(x)$

2. 莱布尼茨公式(定积分基本公式)

如果函数 $F(x)$ 是连续函数 $f(x)$ 在区间 $[a,b]$ 上的一个原函数，则

$$\int_b^b f(x)\mathrm{d}x = F(x)\Big|_a^b = F(b) - F(a).$$

5.2.2 典型例题解析

例 5.2.1 求下列导数.

分析 变限函数求导.

(1) $\dfrac{\mathrm{d}}{\mathrm{d}x}\displaystyle\int_a^x \ln(1+t^2)\mathrm{d}t$；

解： $\dfrac{\mathrm{d}}{\mathrm{d}x}\displaystyle\int_a^x \ln(1+t^2)\mathrm{d}t = \ln(1+x^2)$.

(2) $\dfrac{\mathrm{d}}{\mathrm{d}x}\displaystyle\int_x^0 \sqrt{2+3t^2}\,\mathrm{d}t$；

解： $\dfrac{\mathrm{d}}{\mathrm{d}x}\displaystyle\int_x^0 \sqrt{2+3t^2}\,\mathrm{d}t = -\sqrt{2+3x^2}$.

(3) $\dfrac{\mathrm{d}}{\mathrm{d}x}\displaystyle\int_{x^2}^{x^3} \sqrt{1+\cos^2 t}\,\mathrm{d}t$.

解： $\dfrac{\mathrm{d}}{\mathrm{d}x}\displaystyle\int_{x^2}^{x^3} \sqrt{1+\cos^2 t}\,\mathrm{d}t = 3x^2\sqrt{1+(\cos x^3)^2} - 2x\sqrt{1+(\cos x^2)^2}$.

例 5.2.2 求 $\lim\limits_{x \to 0} \dfrac{\displaystyle\int_0^x \sin t^2\,\mathrm{d}t}{x^3}$.

分析 洛必达法则和变限函数导数的综合考察.

解： $\lim\limits_{x\to 0}\dfrac{\int_0^x \sin t^2 \mathrm{d}t}{x^3}=\lim\limits_{x\to 0}\dfrac{\left(\int_0^x \sin t^2 \mathrm{d}t\right)'}{(x^3)'}=\lim\limits_{x\to 0}\dfrac{\sin x^2}{3x^2}=\lim\limits_{x\to 0}\dfrac{x^2}{3x^2}=\dfrac{1}{3}$.

例 5.2.3 计算下列定积分.

分析 利用牛顿-莱布尼茨公式求定积分 $\int_a^b f(x)\mathrm{d}x=F(x)\Big|_a^b=F(b)-F(a)$

利用牛顿-莱布尼茨公式计算定积分时，最关键的一步是找到被积函数的一个原函数，而寻找原函数的过程其实就相当于求不定积分，所以，在此之前在不定积分那块所学的求原函数的方法现在仍然可以拿来使用.

(1) $\int_{-1}^1 \dfrac{1}{1+x^2}\mathrm{d}x$;

解： $\int_{-1}^1 \dfrac{1}{1+x^2}\mathrm{d}x=\arctan x\Big|_{-1}^1=\arctan 1-\arctan(-1)=\dfrac{\pi}{4}-\left(-\dfrac{\pi}{4}\right)=\dfrac{\pi}{2}$.

(2) $\int_1^2 \dfrac{1-3x}{2+3x}\mathrm{d}x$.

解：

$$\int_1^2 \dfrac{1-3x}{2+3x}\mathrm{d}x=\int_1^2 \dfrac{3-(2+3x)}{2+3x}\mathrm{d}x=\int_1^2 \dfrac{3\mathrm{d}x}{2+3x}-\int_1^2 \mathrm{d}x=\int_1^2 \dfrac{\mathrm{d}(2+3x)}{2+3x}-\int_1^2 \mathrm{d}x$$

$$=\ln|2+3x|\Big|_1^2-x\Big|_1^2=\ln 8-\ln 5-(2-1)=\ln\dfrac{8}{5}-1.$$

例 5.2.4 设 $f(x)=\begin{cases}x+1, & x\leqslant 1,\\ \dfrac{1}{2}x^2, & x>1.\end{cases}$ 求 $\int_0^2 f(x)\mathrm{d}x$.

分析 如果在积分区间上，被积函数不能用一个式子来表示，那么可利用定积分对积分区间具有可加性这条性质将定积分分段计算.

解： 因为 $f(x)$ 在 $[0,2]$ 上，除 $x=1$ 间断外，在其余点均连续，所以 $f(x)$ 在 $[0,2]$ 上可积，且与函数 $f(x)$ 在 $x=1$ 处的值无关. 故有

$$\int_0^2 f(x)\mathrm{d}x=\int_0^1 f(x)\mathrm{d}x+\int_1^2 f(x)\mathrm{d}x=\int_0^1 (x+1)\mathrm{d}x+\int_1^2 \dfrac{1}{2}x^2 \mathrm{d}x$$

$$=\left(\dfrac{1}{2}x^2+x\right)\Big|_0^1+\dfrac{1}{6}x^3\Big|_1^2=\dfrac{3}{2}+\dfrac{7}{6}=\dfrac{8}{3}.$$

5.2.3 课后练习题

习题 5.2(基础训练)

1. 填空题.

(1) $\varPhi(x)=\int_0^{x^2}\cos t\mathrm{d}t$ 的导数 $\dfrac{\mathrm{d}\varPhi(x)}{\mathrm{d}x}=$ _____ .

(2) $\dfrac{\mathrm{d}}{\mathrm{d}x}\displaystyle\int_{x^3}^{0}\sqrt{1+t^2}\,\mathrm{d}t =$ _____.

(3) 设 $\begin{cases} x = \displaystyle\int_{0}^{t}\sin u\,\mathrm{d}u \\[2mm] y = \displaystyle\int_{0}^{t}\cos u\,\mathrm{d}u \end{cases}$, 则 $\dfrac{\mathrm{d}y}{\mathrm{d}x} =$ _____.

2. 求极限 $\displaystyle\lim_{x\to 0}\dfrac{\displaystyle\int_{1}^{\cos x}\mathrm{e}^{-t^2}\,\mathrm{d}t}{x^2}$.

3. 计算下列定积分.

(1) $\displaystyle\int_{0}^{a}(3x^2 - x + 1)\,\mathrm{d}x$;

(2) $\displaystyle\int_{1}^{2}\left(x^2 + \dfrac{1}{x^4}\right)\mathrm{d}x$;

(3) $\displaystyle\int_{4}^{9}\sqrt{x}(1+\sqrt{x})\,\mathrm{d}x$;

(4) $\displaystyle\int_{0}^{\sqrt{3}a}\dfrac{\mathrm{d}x}{a^2 + x^2}$;

(5) $\displaystyle\int_{0}^{1}\dfrac{\mathrm{d}x}{\sqrt{4-x^2}}$;

(6) $\displaystyle\int_{-\mathrm{e}-1}^{-2}\dfrac{\mathrm{d}x}{1+x}$;

(7) $\displaystyle\int_0^{\frac{\pi}{4}} \tan^2\theta \mathrm{d}\theta$;

(8) $\displaystyle\int_0^2 |1-x|\mathrm{d}x$.

4. 求定积分 $\displaystyle\int_{-1}^2 |x^2 - 4x + 3|\,\mathrm{d}x$.

习题 5.2(能力提升)

(1) 设 $y = \displaystyle\int_{\frac{1}{x}}^{\sqrt{x}} \sin t\mathrm{d}t \ (x > 0)$，求 $\dfrac{\mathrm{d}y}{\mathrm{d}x}$；

(2) 求极限 $\displaystyle\lim_{x\to 0} \dfrac{x - \displaystyle\int_0^x \mathrm{e}^{t^2}\mathrm{d}t}{x^2 \sin 2x}$；

(3) 求 $\displaystyle\int_0^2 \max\{x, x^3\}\mathrm{d}x$;

(4) 已知 $f(x)$ 连续， $\displaystyle\int_0^x (x-t)f(t)\mathrm{d}t = 1 - \cos x$ ， 求 $\displaystyle\int_0^{\frac{\pi}{2}} f(x)\,\mathrm{d}x$.

5.3　定积分的计算法

5.3.1　重要知识点

1. 定积分的换元法

设函数 $f(x)$ 在 $[a,b]$ 上连续， 如果函数 $x = \varphi(t)$ 满足下列条件：

(1) $\varphi(\alpha) = a$ ， $\varphi(\beta) = b$ ， 且 $\varphi([\alpha,\beta]) \subseteq [a,b]$ 或者 $\varphi([\beta,\alpha]) \subseteq [a,b]$;

(2) $\varphi(t)$ 在 $[\alpha,\beta]$ 或者 $[\beta,\alpha]$ 上具有连续导数，

那么 $\displaystyle\int_a^b f(x)\mathrm{d}x = \int_\alpha^\beta f[\varphi(t)]\varphi'(t)\mathrm{d}t$.

2. 奇偶函数在对称区间上的定积分

如果函数 $f(x)$ 在 $[-a,a]$ 上连续， 则

$$\int_{-a}^{a} f(x)\mathrm{d}x = \begin{cases} 0, & f(x)是奇函数, \\ 2\displaystyle\int_0^a f(x)\mathrm{d}x, & f(x)是偶函数. \end{cases}$$

3. 定积分的分部积分法

设函数 $u = u(x), v = v(x)$ 在区间 $[a,b]$ 上可导， $u'(x), v'(x)$ 在区间 $[a,b]$ 上连续， 则

$$\int_a^b u\mathrm{d}v = uv\Big|_a^b - \int_a^b v\mathrm{d}u .$$

5.3.2　典型例题解析

1. 利用换元积分法计算定积分

$$\int_a^b f(x)\mathrm{d}x \xmapsto{\;x=\varphi(t)\;} \int_\alpha^\beta f[\varphi(t)]\varphi'(t)\mathrm{d}t .$$

利用这个公式求定积分时，并不要求 $\varphi(t)$ 有反函数，这一点和求不定积分的换元法有所不同. 在求不定积分时，如果将变元 x 通过 $x=\varphi(t)$ 换成 t 后，求出的是关于 t 的原函数，而我们要求的是关于 x 的原函数，因此，还应该将 t 反解为 x 的函数. 但是在求定积分时，这一步省略了，只需改变其积分上、下限(简单地说"换元要换限"，切记!)，故不要求 $\varphi(t)$ 有反函数.

利用换元积分法计算定积分时要注意以下两点：

①　具体的换元方法与计算不定积分相同，计算不定积分时怎么换，在计算定积分时就怎么换；

②　切记换元的同时要换限.

例 5.3.1　计算下列定积分.

(1) $\displaystyle\int_1^4 \frac{\mathrm{d}x}{x+\sqrt{x}}$.

解：设 $t=\sqrt{x}$ 那么 $\mathrm{d}x = 2t\mathrm{d}t$.

且当 $x=1$ 时，$t=1$；当 $x=4$ 时，$t=2$.

于是，$\displaystyle\int_1^4 \frac{\mathrm{d}x}{x+\sqrt{x}} = \int_1^2 \frac{2t\mathrm{d}t}{t^2+t} = \int_1^2 \frac{2\mathrm{d}t}{t+1} = 2\int_1^2 \frac{\mathrm{d}(t+1)}{t+1}$

$$= 2\ln(t+1)\Big|_1^2 = 2(\ln 3 - \ln 2) = 2\ln\frac{3}{2}.$$

(2) $\displaystyle\int_0^{\frac{\pi}{2}} 6\cos^5 x \sin x \mathrm{d}x$.

解法 1：设 $u=\cos x$，则 $\mathrm{d}u = -\sin x\mathrm{d}x$,

且当 $x=0$ 时，$u=1$；当 $x=\dfrac{\pi}{2}$ 时，$u=0$.

于是，$\displaystyle\int_0^{\frac{\pi}{2}} 6\cos^5 x \sin x \mathrm{d}x = \int_1^0 -6u^5 \mathrm{d}u = -u^6\Big|_1^0 = 0-(-1) = 1$.

解法 2：$\displaystyle\int_0^{\frac{\pi}{2}} 6\cos^5 x \sin x \mathrm{d}x = -\int_0^{\frac{\pi}{2}} 6\cos^5 x \mathrm{d}\cos x = -\cos^6 x\Big|_0^{\frac{\pi}{2}}$

$$= 0-(-1) = 1.$$

2. 对称区间上定积分的计算

$$\int_{-a}^{a} f(x)\mathrm{d}x = \begin{cases} 0, & f(x)\text{是奇函数} \\ 2\int_{0}^{a} f(x)\mathrm{d}x, & f(x)\text{是偶函数} \end{cases}$$

注意： (1)积分区间关于原点对称；(2)判定被积函数的奇偶性.

例 5.3.2　计算下列定积分.

(1) $\int_{-5}^{5} \dfrac{x^2 \sin^3 x}{1+x^4}\mathrm{d}x$ ；

解： 因为被积函数 $\dfrac{x^2 \sin^3 x}{1+x^4}$ 是奇函数，且积分区间 $[-5,5]$ 关于原点对称，所以，

$\int_{-5}^{5} \dfrac{x^2 \sin^3 x}{1+x^4}\mathrm{d}x = 0$.

(2) $\int_{-2}^{2} (1+3x^2+5x^4)\mathrm{d}x$.

解： 因为被积函数 $1+3x^2+5x^4$ 是偶函数，且积分区间 $[-2,2]$ 关于原点对称，所以

$$\int_{-2}^{2} (1+3x^2+5x^4)\mathrm{d}x = 2\int_{0}^{2} (1+3x^2+5x^4)\mathrm{d}x = 2(x+x^3+x^5)\Big|_{0}^{2}$$
$$= 2(2+2^3+2^5) = 84 .$$

3. 利用分部积分法计算定积分

$$\int_{a}^{b} u\mathrm{d}v = uv\Big|_{a}^{b} - \int_{a}^{b} v\mathrm{d}u .$$

利用分部积分法计算定积分要注意以下两点：

① u 与 v 的选择方法与不定积分的分部积分法相同；

② 求出原函数后不要忘了代入上、下限求出数值.

例 5.3.3　计算下列定积分.

(1) $\int_{1}^{e} \ln x\mathrm{d}x$ ；

解： $\int_{1}^{e} \ln x\mathrm{d}x = (x\ln x)\Big|_{1}^{e} - \int_{1}^{e} x\cdot\dfrac{\mathrm{d}x}{x} = e - \int_{1}^{e} \mathrm{d}x = e - (e-1) = 1$.

(2) $\int_{0}^{\frac{\pi}{2}} x\cos x\mathrm{d}x$.

解： $\int_{0}^{\frac{\pi}{2}} x\cos x\mathrm{d}x = \int_{0}^{\frac{\pi}{2}} x\mathrm{d}\sin x = (x\sin x)\Big|_{0}^{\frac{\pi}{2}} - \int_{0}^{\frac{\pi}{2}} \sin x\mathrm{d}x = \dfrac{\pi}{2} - (-\cos x)\Big|_{0}^{\frac{\pi}{2}}$

$$= \dfrac{\pi}{2} - 1 .$$

5.3.3　课后练习题

习题 5.3(基础训练)

1. 计算下列定积分.

(1) $\displaystyle\int_{\frac{\pi}{3}}^{\pi} \sin\left(x+\frac{\pi}{3}\right)dx$;

(2) $\displaystyle\int_{-2}^{1} \frac{dx}{(11+5x)^3}$;

(3) $\displaystyle\int_{e}^{e^2} \frac{1}{x\ln x}dx$;

(4) $\displaystyle\int_{0}^{\frac{\pi}{6}} \sin^2 2x\cos 2x dx$;

(5) $\displaystyle\int_{0}^{\sqrt{2}} \sqrt{2-x^2}dx$;

(6) $\displaystyle\int_{0}^{4} \frac{x+2}{\sqrt{2x+1}}dx$;

(7)　$\int_0^1 (1+x^2)^{-\frac{3}{2}} dx$;

(8)　$\int_{-2}^{-\sqrt{2}} \dfrac{1}{x\sqrt{x^2-1}} dx$.

2. 利用函数的奇偶性计算下列积分.

(1)　$\int_{-\pi}^{\pi} \dfrac{x^3 \cos x}{x^2+1} dx$;

(2)　$\int_{-\pi}^{\pi} (x^2 + \sin^3 x) dx$.

3. 计算下列定积分.

(1)　$\int_0^1 x\mathrm{e}^{2x} dx$;

(2)　$\int_0^{\frac{\pi}{2}} x\cos x\,dx$;

(3) $\int_0^1 x \arctan x \mathrm{d}x$ ；

(4) $\int_1^{\mathrm{e}} x \ln x \mathrm{d}x$.

习题 5.3(能力提升)

1. 填空题.

设 $f(x)$ 在 $[a,b]$ 上有连续的导数，且 $f(a)=f(b)=0$, $\int_a^b f^2(x)\,\mathrm{d}x=1$, 则

$\int_a^b x f(x) f'(x)\mathrm{d}x = \underline{\qquad\qquad}$.

2. 选择题.

设 $M=\int_{-\frac{\pi}{2}}^{\frac{\pi}{2}} \dfrac{\sin x}{1+x^2}\cos^4 x\mathrm{d}x, N=\int_{-\frac{\pi}{2}}^{\frac{\pi}{2}}(\sin^3 x+\cos^4 x)\,\mathrm{d}x, P=\int_{-\frac{\pi}{2}}^{\frac{\pi}{2}}(x^2\sin^3 x-\cos^4 x)\mathrm{d}x$ ， 则有

（   ）.

    A. $N<P<M$ B. $M<P<N$

    C. $N<M<P$ D. $P<M<N$

3. 设函数 $f(x)=\begin{cases} x\mathrm{e}^{-x^2}, & x\geqslant 0, \\ \dfrac{1}{1+\mathrm{e}^x}, & x<0, \end{cases}$ 求 $\int_1^4 f(x-2)\mathrm{d}x$.

4. 计算 $\int_1^e \cos(\ln x)\mathrm{d}x$.

5.4 反常积分

5.4.1 重要知识点

1. 无穷限的反常积分

(1) $\int_a^{+\infty} F'(x)\mathrm{d}x = f(x)\Big|_a^{+\infty} = F(+\infty) - F(a)$ $(F(+\infty) = \lim\limits_{x\to+\infty} F(x))$

(2) $\int_{-\infty}^b f(x)\mathrm{d}x = F(x)\Big|_{-\infty}^b = F(b) - F(-\infty)$ $(F(-\infty) = \lim\limits_{x\to-\infty} F(x))$

(3) $\int_a^{+\infty} f(x)\,\mathrm{d}x = F(x)\Big|_{-\infty}^{+\infty} = F(+\infty) - F(-\infty)$

$\quad (F(+\infty) = \lim\limits_{x\to+\infty} F(x), F(-\infty) = \lim\limits_{x\to-\infty} F(x))$

2. 无界函数的反常积分(瑕积分)

$$\int_a^b f(x)\mathrm{d}x$$

(1) a 是瑕点 $\int_a^b f(x)\mathrm{d}x = \lim\limits_{t\to a^+} \int_t^b f(x)\mathrm{d}x = F(x)\Big|_{a^+}^b = F(b) - F(a^+)$

$\quad\left(F(a^+) = \lim\limits_{x\to a^+} F(x)\right)$

(2) b 是瑕点 $\int_a^b f(x)\mathrm{d}x = \lim\limits_{t\to b^-} \int_a^t f(x)\mathrm{d}x = F(x)\Big|_a^{b^-} = F(b^-) - F(a)$

$\quad\left(F(b^-) = \lim\limits_{x\to b^-} F(x)\right)$

(3) c 是瑕点 $(a<c<b)$ $\int_a^b f(x)\mathrm{d}x = \int_a^c f(x)\mathrm{d}x + \int_c^b f(x)\mathrm{d}x$

注意：此时只有右端的两个积分均收敛时，左端的积分才收敛.

3. 两个重要结论

(1) 反常积分 $\int_a^{+\infty} \dfrac{\mathrm{d}x}{x^p}(a>0)$，当 $p>1$ 时收敛，当 $p \leqslant 1$ 时发散；

(2) 瑕积分 $\int_a^b \dfrac{\mathrm{d}x}{(x-a)^q}$，当 $q<1$ 时收敛，当 $q \geqslant 1$ 时发散.

5.4.2　典型例题解析

例 5.4.1　求反常积分 $\int_0^{+\infty} \dfrac{1}{1+x^2}\mathrm{d}x$.

判断无穷限的反常积分的敛散性.

解： $\int_a^{+\infty} \dfrac{1}{1+x^2}\mathrm{d}x = \arctan x \Big|_0^{+\infty} = \lim\limits_{x \to +\infty} \arctan x - \arctan 0 = \dfrac{\pi}{2} - 0 = \dfrac{\pi}{2}$.

例 5.4.2　求反常积分 $\int_0^a \dfrac{\mathrm{d}x}{\sqrt{a^2-x^2}}(a>0)$.

分析　判断无界函数的反常积分的敛散性.

因为 $\lim\limits_{x \to a^-} \dfrac{1}{\sqrt{a^2-x^2}} = +\infty$，所以被积函数在点 a 的左邻域内无界，所以点 a 是被积函数的瑕点.

解： $\int_0^a \dfrac{\mathrm{d}x}{\sqrt{a^2-x^2}} = \arcsin \dfrac{x}{a} \Big|_0^{a^-} = \lim\limits_{x \to a^-} \arcsin \dfrac{x}{a} - \arcsin \dfrac{0}{a} = \dfrac{\pi}{2} - 0 = \dfrac{\pi}{2}$.

5.4.3　课后练习题

习题 5.4(基础训练)

1. 判定下列各反常积分的敛散性，如果收敛，计算反常积分的值.

(1) $\int_0^{+\infty} \mathrm{e}^{-3x}\mathrm{d}x$；

(2) $\int_{-\infty}^0 \sin x \mathrm{d}x$；

(3) $\displaystyle\int_{-\infty}^{+\infty}\frac{1}{1+x^2}\mathrm{d}x$;

(4) $\displaystyle\int_{1}^{2}\frac{1}{(x-1)^{\frac{1}{3}}}\mathrm{d}x$;

(5) $\displaystyle\int_{0}^{1}\frac{x}{\sqrt{1-x^2}}\mathrm{d}x$;

(6) $\displaystyle\int_{-1}^{1}\frac{1}{x^2}\mathrm{d}x$.

习题 5.4(能力提升)

1. 下列结论中正确的是(　　).

　　A. $\displaystyle\int_{1}^{+\infty}\frac{\mathrm{d}x}{x(x+1)}$ 与 $\displaystyle\int_{0}^{1}\frac{\mathrm{d}x}{x(x+1)}$ 都收敛

　　B. $\displaystyle\int_{1}^{+\infty}\frac{\mathrm{d}x}{x(x+1)}$ 与 $\displaystyle\int_{0}^{1}\frac{\mathrm{d}x}{x(x+1)}$ 都发散

　　C. $\displaystyle\int_{1}^{+\infty}\frac{\mathrm{d}x}{x(x+1)}$ 发散, $\displaystyle\int_{0}^{1}\frac{\mathrm{d}x}{x(x+1)}$ 收敛

　　D. $\displaystyle\int_{1}^{+\infty}\frac{\mathrm{d}x}{x(x+1)}$ 收敛, $\displaystyle\int_{0}^{1}\frac{\mathrm{d}x}{x(x+1)}$ 发散

2. 计算下列积分.

(1) $\displaystyle\int_{1}^{-\infty}\frac{x\ln x}{(1+x^2)^2}\mathrm{d}x$;

(2) $\displaystyle\int_{\frac{1}{2}}^{\frac{3}{2}}\frac{\mathrm{d}x}{\sqrt{|x^2-x|}}$.

第6章　定积分的应用

本章知识导航:

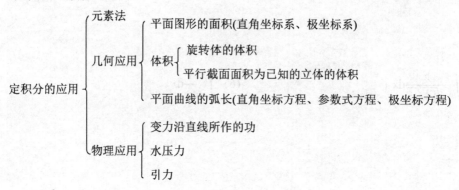

6.1　元　素　法

重要知识点

1. 能用定积分的元素法求解的总量 U 应满足的条件

(1) 与自变量 x 的变化区间 $[a,b]$ 有关;

(2) 对区间 $[a,b]$ 具有可加性.即若把区间 $[a,b]$ 分割成 n 个小区间,则所求总量 U 等于各个小区间上的相应部分量之和,即 $U = \sum_{i=1}^{n} \Delta U_i$.

如果所求总量 U 满足以上两个条件,就可以考虑用定积分的元素法来求解.

2. 利用定积分的元素法求解总量 U 的基本步骤

(1) 选取积分变量 x,确定变化区间 $[a,b]$;

(2) 任选小区间 $[x, x+dx] \subset [a,b]$,求出该小区间上的相应分量 ΔU 的近似值 dU.通常采用"以直代曲""以规则代替不规则"或"以均匀代替非均匀"等方法,使 dU 表示为某个连续函数 $f(x)$ 与 dx 的乘积的形式,即 $\Delta U \approx dU = f(x)dx$(总量 U 的元素).

(3) 将元素 dU 在 $[a,b]$ 上积分(无限累加),即得所求总量 U 的精确值 $U = \int_a^b dU = \int_a^b f(x)dx$.

6.2 定积分在几何上的应用

6.2.1 重要知识点

1. 平面图形的面积

1) 直角坐标系

模型 I $S_1 = \int_a^b [y_2(x) - y_1(x)] \mathrm{d}x$ 其中，$y_2(x) \geqslant y_1(x)$，$x \in [a,b]$，如图 6-1 所示.

模型 II $S_2 = \int_c^d [x_2(y) - x_1(y)] \mathrm{d}y$ 其中，$x_2(y) \geqslant x_1(y)$，$y \in [c,d]$，如图 6-2 所示.

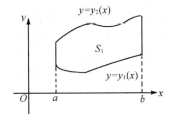

图 6-1   图 6-2

注: 将复杂图形分割为若干个小图形，使其中的每一个小图形符合模型 I 或模型 II，然后加以计算，再相加.

2) 极坐标系

模型 I $\quad S_1 = \dfrac{1}{2} \int_\alpha^\beta r^2(\theta) \mathrm{d}\theta$，如图 6-3 所示.

模型 II $\quad S_2 = \dfrac{1}{2} \int_\alpha^\beta [r_2^2(\theta) - r_1^2(\theta)] \mathrm{d}\theta$，如图 6-4 所示.

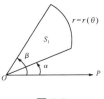 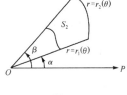

图 6-3   图 6-4

2. 体积

1) 平行截面面积为已知的立体的体积

$$V = \int_a^b A(x)\mathrm{d}x$$

其中，$A(x)$ 为立体垂直于 x 轴的平行截面面积.

2) 旋转体的体积

(1) 由曲线 $y = f(x)(x \geqslant 0)$ 与直线 $x = a$，$x = b$ 和 x 轴围成的平面图形绕 x 轴旋转一周的体积 $V_x = \pi \int_a^b f^2(x)\mathrm{d}x$；绕 y 轴旋转一周的体积 $V_y = 2\pi \int_a^b xf(x)\mathrm{d}x$，如图 6-5 所示.

(2) 由曲线 $x = g(y) \geqslant 0$ 与直线 $y = c, y = d$ 和 y 轴围成的平面图形绕 y 轴旋转一周的体积 $V_y = \pi \int_c^d g^2(y)\mathrm{d}y$，绕 x 轴旋转一周的体积 $V_x = 2\pi \int_c^d yg(y)\mathrm{d}y$，如图 6-6 所示.

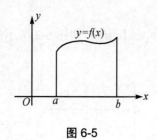

图 6-5　　　　　　　　　　　　　图 6-6

3. 平面曲线的弧长

1) 曲线弧由直角坐标方程给出

$$y = f(x), a \leqslant x \leqslant b, s = \int_a^b \sqrt{1 + f'^2(x)}\mathrm{d}x.$$

$$x = g(y), c \leqslant y \leqslant d, s = \int_c^d \sqrt{1 + g'^2(y)}\mathrm{d}y.$$

2) 曲线弧由参数式方程给出

$$\begin{cases} x = \varphi(t) \\ y = \phi(t) \end{cases}, \alpha \leqslant t \leqslant \beta, s = \int_\alpha^\beta \sqrt{\varphi'^2(t) + \phi'^2(t)}\mathrm{d}t.$$

3) 曲线弧由极坐标方程给出

$$r = r(\theta), \alpha \leqslant \theta \leqslant \beta, s = \int_\alpha^\beta \sqrt{r^2(\theta) + r'^2(\theta)}\mathrm{d}\theta.$$

6.2.2　典型例题解析

例 6.2.1　求由曲线 $y = 2x - x^2$ 及直线 $y = 0, y = x$ 所围成的图形的面积(见图 6-7).

分析　利用元素法计算平面图形的面积时，选取不同的坐标系，微元可以有不同的取法；在同一个坐标系下，微元的取法也可以不同.

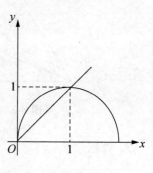

图 6-7

解： 由 $\begin{cases} y = 2x - x^2 \\ y = x \end{cases}$ 得交点 $(0,0)(1,1)$.

解法 1： 取 $x \in [0,2]$，则 $A = \int_0^1 x\mathrm{d}x + \int_1^2 (2x - x^2)\mathrm{d}x$

$$= \left[\frac{x^2}{2} \right]_0^1 + \left[x^2 - \frac{x^3}{3} \right]_1^2$$

$$= \frac{7}{6}.$$

解法 2： 取 $y \in [0,1]$，则 $A = \int_0^1 [(+\sqrt{1-y}) - y]\mathrm{d}y$

$$= \left[y - \frac{2}{3}(1-y)^{\frac{3}{2}} - \frac{1}{2}y^2 \right]_0^1 = \frac{7}{6}.$$

小结： 显然选取 y 为积分变量计算更简单.

例 6.2.2　求由 $y^2 = 1 - x$ 与 $2y = x + 2$ 所围图形的面积(见图 6-8).

解： 由 $\begin{cases} y^2 = 1 - x \\ 2y = x + 2 \end{cases}$ 得交点 $(-8, -3)$ 和 $(0,1)$.

取 $y \in [-3,1]$，则 $A = \int_{-3}^1 [(1 - y^2) - (2y - 2)]\mathrm{d}y$

$$= \left[y - \frac{1}{3}y^3 - y^2 + 2y \right]_{-3}^1 = \frac{32}{3}.$$

例 6.2.3　求曲线 $y^2 = 2x$ 在点 $\left(\frac{1}{2}, 1 \right)$ 处法线与曲线所围成图形的面积(见图 6-9).

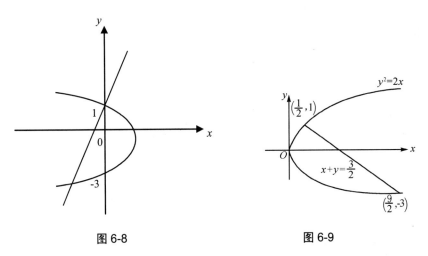

图 6-8　　　　　　　　　　　　　　图 6-9

分析　本题同样可选取 x 作为积分变量，但需将积分区间分成两部分，计算较麻烦. 因此在利用定积分计算平面图形的面积时，适当选取积分变量可大大简化计算过程.

解： 先找出法线方程 $2yy' = 2$，$y' \Big|_{\left(\frac{1}{2}, 1 \right)} = \frac{1}{y} \Big|_{y=1} = 1$.

法线方程 $y-1=(-1)\left(x-\dfrac{1}{2}\right)$, 即 $x+y=\dfrac{3}{2}$.

曲线 $y^2=2x$ 和法线 $x+y=\dfrac{3}{2}$ 的另一交点为 $\left(\dfrac{9}{2},-3\right)$. 所求面积 $S=\displaystyle\int_{-3}^{1}\left[\left(\dfrac{3}{2}-y\right)-\dfrac{y^2}{2}\right]\mathrm{d}y=\dfrac{16}{3}$.

例 6.2.4　求 $y=x^2$, $y^2=x$ 所围图形绕 x 轴旋转所成旋转体的体积.

解：$V=\displaystyle\int_0^1\pi(\sqrt{x})^2\mathrm{d}x-\int_0^1\pi x^2x^2\mathrm{d}x=\dfrac{3}{10}\pi$.

例 6.2.5　分别求摆线 $\begin{cases}x=a(t-\sin t)\\ y=a(1-\cos t)\end{cases}$, $0\leqslant t\leqslant 2\pi$ 与 x 轴所围图形绕 x 轴和 y 轴旋转的

立体体积.

解：(1)　$V_x=\displaystyle\int_0^{2\pi a}\pi y^2(x)\mathrm{d}x$

$\qquad =\displaystyle\int_0^{2\pi}\pi a^2(1-\cos t)^2a(1-\cos t)\mathrm{d}t$

$\qquad =5\pi^2a^3$.

(2)　$V_y=\displaystyle\int_0^{2\pi a}2\pi xy(x)\mathrm{d}x$

$\qquad =\displaystyle\int_0^{2\pi}2\pi a(t-\sin t)a^2(1-\cos t)^2\mathrm{d}t$

$\qquad =6\pi^3a^3$.

例 6.2.6　求由曲线 $y=x^2-2x$ 和直线 $y=0,x=1,x=3$ 所围平面图形绕 y 轴旋转一周所得旋转体的体积(见图 6-10).

解法 1：平面图形 A_1 绕 y 轴旋转一周所得旋转体体积

$$V_1=\pi\int_{-1}^{0}(1+\sqrt{1+y})^2\mathrm{d}y-\pi=\dfrac{11\pi}{6}$$

平面图形 A_2 绕 y 轴旋转一周所得旋转体体积

$$V_2=27\pi-\pi\int_0^3(1+\sqrt{1+y})^2\mathrm{d}y=\dfrac{43\pi}{6}$$

所求体积 $V_y=V_1+V_2=9\pi$.

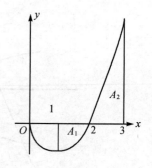

图 6-10

解法 2：$V_y=2\pi\displaystyle\int_1^3 x\,|\,x^2-2x\,|\,\mathrm{d}x$

$\qquad =2\pi\left[\displaystyle\int_1^2 x(2x-x^2)\mathrm{d}x+\int_2^3 x(x^2-2x)\mathrm{d}x\right]$

$\qquad =2\pi\left[\left(\dfrac{2}{3}x^3-\dfrac{x^4}{4}\right)\Big|_1^2+\left(\dfrac{x^4}{4}-\dfrac{2}{3}x^3\right)\Big|_2^3\right]=9\pi$.

例 6.2.7 求曲线 $x = \dfrac{1}{4}y^2 - \dfrac{1}{2}\ln y,\ 1 \leqslant y \leqslant e$ 的弧长.

分析 曲线 $x = g(y),\ c \leqslant y \leqslant d,\ s = \displaystyle\int_c^d \sqrt{1 + g'^2(y)}\,\mathrm{d}y$.

解: $s = \displaystyle\int_1^e \sqrt{1 + x'^2(y)}\,\mathrm{d}y = \int_1^e \sqrt{1 + \left(\dfrac{y}{2} - \dfrac{1}{2y}\right)^2}\,\mathrm{d}y$

$\qquad = \displaystyle\int_1^e \sqrt{\dfrac{1}{4}y^2 + \dfrac{1}{2} + \dfrac{1}{4y^2}}\,\mathrm{d}y = \int_1^e \left(\dfrac{1}{2y} + \dfrac{y}{2}\right)\mathrm{d}y = \dfrac{e^2 + 1}{4}$.

例 6.2.8 求星形线 $\begin{cases} x = a\cos^3 t \\ y = a\sin^3 t \end{cases} (a > 0)$ 的弧长.

分析 曲线 $\begin{cases} x = \varphi(t) \\ y = \phi(t) \end{cases},\ \alpha \leqslant t \leqslant \beta,\ s = \displaystyle\int_\alpha^\beta \sqrt{\varphi'^2(t) + \phi'^2(t)}\,\mathrm{d}t$.

解: $s = 4\displaystyle\int_0^{\frac{\pi}{2}} \sqrt{x'^2(t) + y'^2(t)}\,\mathrm{d}t = 4\int_0^{\frac{\pi}{2}} \sqrt{[3a\cos^2 t(-\sin t)]^2 + [3a\sin^2 t\cos t]^2}\,\mathrm{d}t$

$\qquad = 12a\displaystyle\int_0^{\frac{\pi}{2}} \sin t\cos t\,\mathrm{d}t = 6a$.

例 6.2.9 求心形线 $r = a(1 + \cos\theta), a > 0, 0 \leqslant \theta \leqslant 2\pi$ 的弧长.

分析 曲线 $r = r(\theta), \alpha \leqslant \theta \leqslant \beta, s = \displaystyle\int_\alpha^\beta \sqrt{r^2(\theta) + r'^2(\theta)}\,\mathrm{d}\theta$.

解: $s = 2\displaystyle\int_0^\pi \sqrt{r^2(\theta) + r'^2(\theta)}\,\mathrm{d}\theta = 2\int_0^\pi \sqrt{[a(1 + \cos\theta)]^2 + [-a\sin\theta]^2}\,\mathrm{d}\theta$

$\qquad = 2\displaystyle\int_0^\pi 2a\,\dfrac{\theta}{2}\cos\,\mathrm{d}\theta = 8a$.

6.2.3 课后练习题

习题 6.2(基础训练)

1. 求曲线 $y = e^x,\ y = e^{-x},\ x = 1$ 所围成的平面图形的面积.

2. 求心形线 $\rho = a(1 + \cos\theta)$ 围成的平面图形的面积.

3. 计算底面是半径为 1 的圆,而垂直于底面上一条固定直径的所有截面都是等边三角形的立体的体积.

4. 求由曲线 $xy = 4$,直线 $x = 1, x = 4, y = 0$ 所围图形绕 x 轴旋转一周形成的立体的体积.

5. 试求由曲线 $y^2 = 4x$ 与 $x = 4$ 所围成的图形绕 y 轴旋转所得立体的体积.

6. 计算曲线 $y = \dfrac{2}{3} x^{\frac{3}{2}}$ $(a \leqslant x \leqslant b)$ 的弧长.

7. 求摆线 $\begin{cases} x = a(\cos t + t \sin t) \\ y = a(\sin t - t \cos t) \end{cases}$ 在 $0 \leqslant t \leqslant \pi$ 一段的弧长.

8. 求对数螺线 $r = \mathrm{e}^{a\theta}$ 相应于 $0 \leqslant \theta \leqslant \dfrac{\pi}{2}$ 的一段弧长.

习题 6.2(能力提升)

1. 求抛物线 $y = -x^2 + 4x - 3$ 及其在点$(0,-3)$和$(3,0)$处切线所围图形的面积.

2. 求摆线 $\begin{cases} x = a(t - \sin t) \\ y = a(1 - \cos t) \end{cases} (0 \leqslant t \leqslant 2\pi)$ 与 x 轴围成的图形, 分别绕 x 轴和 y 轴旋转形成的旋转体体积.

3. 求曲线 $9y^2 = 4(1 + x^2)^3$ 在第一象限内界于 $0 \leqslant x \leqslant 2\sqrt{2}$ 的一段弧的长度.

6.3 定积分在物理和经济学上的应用

6.3.1 重要知识点

1. 定积分在物理上的应用

1) 变力沿直线作功

物体在力 $F(x)$ 的作用下, 从 a 到 b 所作的功:

$$\mathrm{d}W = F(x)\mathrm{d}x, W = \int_a^b F(x)\mathrm{d}x .$$

2) 水压力

如图 6-11 所示, 曲边梯形板浸入液体中, 薄板一侧所受液体压力为

$$\mathrm{d}P = \rho g x f(x)\mathrm{d}x , \quad P = \int_a^b \rho g x f(x)\mathrm{d}x .$$

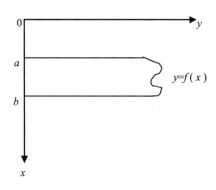

图 6-11

3) 引力

长为 l，质量为 M 的细杆对距杆为 a，质量为 m 的质点的引力为 F（k 为引力常数）.

$$F = \int_0^l k \frac{Mm}{\rho(x+u)^2} \mathrm{d}x = \frac{kMm}{a(l+a)} .$$

2. 定积分在经济学上的应用

(1) 设边际收益函数为 $R'(x)$，其中 x 为产量，则总收益为

$$\int_0^x R'(x)\mathrm{d}x = R(x) - R(0) .$$

注：$R(0)$ 是当产量 $x = 0$ 时的总收益，一般应为 0，它表示的是初始收益.

当产量从 a 变到 b 时，总收益增加的数量为：$\displaystyle\int_a^b R'(x)\mathrm{d}x = R(b) - R(a)$.

(2) 设边际成本函数为 $C'(x)$，其中 x 为产量，则总成本为

$$\int_0^x C'(x)\mathrm{d}x = C(x) - C(0) .$$

注：$C(0)$ 是当产量 $x = 0$ 时的成本，它表示的是初始成本，即固定成本.

(3) 设边际利润函数为 $L'(x)$，其中 x 为产量，则总利润为

$$\int_0^x L'(x)\mathrm{d}x = L(x) - L(0) .$$

6.3.2 典型例题解析

例 6.3.1 设有一半球形水池，半径为 $4\mathrm{m}$，其中盛满了水，把池内的水全部抽尽要作多少功？

解：如图 6-12 所示建立坐标系，取 $x \in [0,4]$，在 $[x, x+dx]$ 上，

$$dW = \rho g(\pi y^2 dx)x = \rho g\pi(16 - x^2)x dx$$
$$= 10^4 \pi(16x - x^3)dx$$

则 $W = \int_0^4 dW = \int_0^4 10^4 \pi(16x - x^3)dx$

$$= 10^4 \pi \left[8x^2 - \frac{x^4}{4} \right]_0^4 = 64\pi \times 10^4 = 2.01 \times 10^6 \text{(J)}.$$

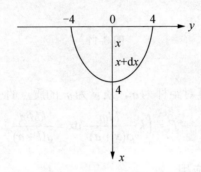

图 6-12

例 6.3.2 设某水库闸门为椭圆水泥板，完全没于水中，椭圆形长轴平行水面，且离水面距离为 h，求闸门一侧所受压力.

解：如图 6-13 所示建立坐标系.

设椭圆方程为 $\dfrac{x^2}{a^2} + \dfrac{y^2}{b^2} = 1, h \geqslant b > 0$，

取 $y \in [-b, b]$，在 $[y, y+dy]$ 上，

$$dP = \rho g(h-y)2x dy = \rho g(h-y)2\frac{a}{b}\sqrt{b^2 - y^2}dy$$

则 $P = \int_{-b}^b dP = \int_{-b}^b \rho g(h-y)2\frac{a}{b}\sqrt{b^2 - y^2}dy = \pi ab\rho g.$

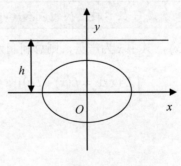

图 6-13

例 6.3.3 已知生产某种产品 x 个单位时总收益 R 的变化率为 $R'(x) = 100 - \dfrac{x}{20}$

（$x \geqslant 0$），求

  (1) 生产 100 个单位时的总收益；

  (2) 产量从 100 个单位到 200 个单位时总收益的增加量.

分析

  (1) 若边际收益函数为 $R'(x)$，则总收益为 $\displaystyle\int_0^x R'(x)\mathrm{d}x = R(x) - R(0)$.

  (2) 当产量从 a 变到 b 时，总收益增加的数量为 $\displaystyle\int_a^b R'(x)\mathrm{d}x = R(b) - R(a)$.

  解：(1)　$R_1 = \displaystyle\int_0^{100}\left(100 - \dfrac{x}{20}\right)\mathrm{d}x = \left(100x - \dfrac{x^2}{40}\right)\Big|_0^{100} = 9750$.

  (2)　$R_2 = \displaystyle\int_{100}^{200}\left(100 - \dfrac{x}{20}\right)\mathrm{d}x = \left(100x - \dfrac{x^2}{40}\right)\Big|_{100}^{200} = 9250$.

6.3.3　课后练习题

习题 6.3(基础训练)

  1. 一个圆柱形水池盛满了水，底面半径 5m，水深 10m，要把池中的水全部抽出来，至少需要作多少功？(水的密度为 $\rho = 10^3\,\mathrm{kg/m^3}$，$g = 9.8\,\mathrm{m/s^2}$).

  2. 由实验可知，弹簧在拉伸过程中，需要的力 F (单位：N)与伸长量 s (单位：cm)成正比，把弹簧由原长拉伸 1cm 需 1N 的力，如果把弹簧由原长拉伸 6cm，计算所作的功.

3. 等腰三角形薄板铅直位于水中，底与水面相齐，薄板底为 am,高为 hm,计算薄板一侧所受水压力(水的密度为 $\rho = 10^3 \text{kg} / \text{m}^3$， $g = 9.8 \text{m} / \text{s}^2$).

4. 一个底为 2、高为 4 的对称抛物线弓形闸门，其底平行于水面，距水平面为 4(即顶和水平面齐)，闸门垂直放在水中，求闸门所受的压力(液体的密度为 γ ，重力加速度为 g).

5. 某商场经销某种小商品，销量为 x 件时总利润的变化率为 $L'(x) = 12.5 - \dfrac{x}{80}$ (元/件). 求：

(1) 售出 40 件时的总利润；

(2) 售出 400 件时的平均利润.

习题 6.3(能力提升)

1. 半径为 r 的球沉入水中，它与水平面相切，现将球从水中取出要作多少功 ($\rho_{水} = 10^3 \text{kg} / \text{m}^3$).

2. 一底为 8cm、高为 6cm 的等腰三角形薄片，铅直沉没在水中，顶在上，底在下且与水面平行，而顶离水面 3cm，试求它的一侧所受水压力.

3. 在 x 轴上有一线密度为常数 μ、长度为 l 的细杆，在杆的延长线上离杆右端 a 处有一质量为 m 的质点 P. 求证：质点与杆间的引力为 $F = k\dfrac{mM}{a(a+l)}$ (M 为杆的质量).

第7章 微分方程

本章知识导航：

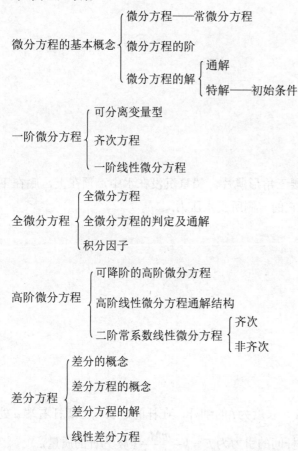

7.1 微分方程的基本概念

7.1.1 重要知识点

(1) 微分方程：表示未知函数和未知函数的导数或微分之间的关系的方程称为微分方程.

(2) 常微分方程：未知函数是一元函数的微分方程称为常微分方程.

(3) 微分方程的阶：微分方程中出现的未知函数的最高阶导数的阶数称为微分方程的阶.

(4) 微分方程的**解**：把函数代入微分方程能使该方程成为恒等式，这个函数称为该微分方程的解．

(5) **通解**：如果微分方程的解中含有任意常数，且独立的任意常数的个数与微分方程的阶数相等，这样的解称为该微分方程的通解．

(6) 初始条件：确定通解中任意常数的条件称为初始条件．

(7) **特解**：确定通解中任意常数的解称为微分方程的特解．

7.1.2　典型例题解析

例 7.1.1　微分方程的解加上一个任意常数还是该方程的解吗？

解：不一定．微分方程的通解中一定含有任意常数(且个数与方程阶数相同)，但加上一个任意常数不一定仍是该方程的解．例如，$y = x^3$ 是方程 $y' = \dfrac{3y}{x}$ 的一个解，但 $y = x^3 + c(c \neq 0)$ 就不是原方程的解，因为将 $y = x^3 + c(c \neq 0)$ 求导得 $y' = 3x^2$ 代入方程，方程不是恒等式，即 $3x^2 \neq \dfrac{3(x^3 + c)}{x}$．

例 7.1.2　解微分方程时，能用任意常数 c 代替 e^c、$\ln c$ 等吗？

解：在解微分方程时，常用任意常数 c 来代替 e^c，$\ln c$，$\dfrac{1}{c}$，$\dfrac{c^2}{2}$ 等，这样选择任意常数的形式是为了能使结果简明，而又不失正确性．但常数 c 的取值必须保证通解有意义．

例如，方程 $y' = \dfrac{x}{y}$ 的通解为 $x^2 - y^2 = c$，c 为任意常数，可负、可正、可为零．

例 7.1.3　微分方程一定存在通解吗？方程的通解是否包含所有的解？

解：(1) 不是所有的微分方程都存在通解．例如方程 $y'^2 + y^2 = 0$ 只有解 $y = 0$，该解中无任意常数 c，不是通解．

(2) 微分方程的通解不一定包含它所有的解．例如，方程 $y' = y^2 \cos x$ 的通解为 $y = -\dfrac{1}{\sin x + c}$，但该通解中未含 $y = 0$，而 $y = 0$ 也为方程的解．

7.1.3　课后练习题

习题 7.1(基础训练)

1. 指出下列微分方程的阶数

(1) $x(y')^3 - 4yy' + x = 0$ 是＿＿＿＿＿＿＿＿阶微分方程．

(2) $(y''')^4 + 5(y''')^3 + x^6 = 0$ 是＿＿＿＿＿＿＿＿＿＿＿＿阶微分方程．

(3) $(x^2 - y^2)dx + (x^2 + y^2)dy = 0$ 是＿＿＿＿＿＿＿＿＿＿＿＿＿＿阶微分方程．

(4) $xy''' + 2x^2 y'^2 + x^3 y = x^4 + 1$ 是＿＿＿＿＿＿＿＿＿＿＿阶微分方程．

(5) $xy\mathrm{d}y - y^2\mathrm{d}x = (x+y)\mathrm{d}y$ 属于_____方程.

2. 已知 $y = c_1\sin(x-c_2)$(c_1、c_2是任意常数) 是微分方程 $y'' + y = 0$ 的通解,求满足初始条件 $y|_{x=\pi} = 1, y'|_{x=\pi} = 0$ 的特解.

习题 7.1(能力提升)

验证 $\mathrm{e}^y + c_1 = (x+c_2)^2$ 是微分方程 $y'' + (y')^2 = 2\mathrm{e}^{-y}$ 的通解,并求满足初始条件 $y|_{x=0} = 0,\ y'|_{x=0} = \dfrac{1}{2}$ 的特解.

7.2 一阶微分方程

7.2.1 重要知识点

1. 可分离变量型微分方程

(1) 形式: $\dfrac{\mathrm{d}y}{\mathrm{d}x} = f(x)g(y)$ 或 $f_1(x)g_1(y)\mathrm{d}x + f_2(x)g_2(y)\mathrm{d}y = 0$.

(2) 解法: 分离变量 $\dfrac{\mathrm{d}y}{\mathrm{d}x} = f\left(\dfrac{y}{x}\right) \Rightarrow \displaystyle\int \dfrac{\mathrm{d}y}{g(y)} = \int f(x)\mathrm{d}x$.

2. 齐次微分方程

(1) 形式：$\dfrac{\mathrm{d}y}{\mathrm{d}x} = f\left(\dfrac{y}{x}\right)$.

(2) 解法：令 $u = \dfrac{y}{x}$，$\dfrac{\mathrm{d}y}{\mathrm{d}x} = u + x\dfrac{\mathrm{d}u}{\mathrm{d}x}$，化为 $u + x\dfrac{\mathrm{d}u}{\mathrm{d}x} = f(u) - u \Rightarrow \displaystyle\int \dfrac{\mathrm{d}u}{f(u) - u} = \int \dfrac{\mathrm{d}x}{x}$.

3. 一阶线性微分方程

(1) 形式：一阶线性齐次微分方程：$y' + p(x)y = 0$.

一阶线性非齐次微分方程：$y' + p(x)y = Q(x)$.

(2) 解法：一阶线性齐次微分方程：可分离变量型.

一阶线性非齐次微分方程：常数变易法.

(3) 通解：一阶线性齐次微分方程的通解

$$y = c\mathrm{e}^{-\int p(x)\mathrm{d}x}.$$

一阶线性非齐次微分方程的通解为

$$y = \mathrm{e}^{-\int p(x)\mathrm{d}x}\left[\int Q(x)\mathrm{e}^{\int p(x)\mathrm{d}x}\mathrm{d}x + c\right].$$

7.2.2　典型例题解析

例 7.2.1　求一阶微分方程 $y\mathrm{d}x + x^2\mathrm{d}y - 4\mathrm{d}y = 0$ 的通解.

解：重新整理方程得 $(4 - x^2)\mathrm{d}y = y\mathrm{d}x$

分离变量 $\dfrac{1}{y}\mathrm{d}y = \dfrac{1}{4 - x^2}\mathrm{d}x$

两边积分 $\displaystyle\int \dfrac{1}{y}\mathrm{d}y = \int \dfrac{1}{4 - x^2}\mathrm{d}x$

得通解为 $\ln y = \dfrac{1}{4}\ln\dfrac{2 + x}{2 - x} + \ln c$

即 $y = c\sqrt[4]{\dfrac{2 + x}{2 - x}}$.

例 7.2.2　求微分方程 $x(\ln x - \ln y)\mathrm{d}y - y\mathrm{d}x = 0$ 的通解.

分析　题中出现 $\ln x - \ln y = -\ln\dfrac{y}{x}$，可化为 $\dfrac{y}{x}$ 的函数.

解：将方程化为 $\ln\dfrac{y}{x}\mathrm{d}y + \dfrac{y}{x}\mathrm{d}x = 0$

令 $\dfrac{y}{x} = u$，则 $\mathrm{d}y = u\mathrm{d}x + x\mathrm{d}u$，代入原方程并整理，得

$$\dfrac{\ln u}{u(\ln u + 1)}\mathrm{d}u = -\dfrac{\mathrm{d}x}{x}$$

两边积分得 $\ln u - \ln(\ln u + 1) = -\ln x + \ln c$

变量还原得通解 $y = c\left(\ln \dfrac{y}{x} + 1\right)$.

例 7.2.3 求微分方程 $x \ln x \mathrm{d}y + (y - \ln x)\mathrm{d}x = 0$ 的通解及满足初始条件 $y\big|_{x=\mathrm{e}} = 1$ 的特解.

分析 将方程标准化可化为一阶线性非齐次方程,直接代入通解中.

解：将方程标准化 $y' + \dfrac{y}{x \ln x} = \dfrac{1}{x}$,

则
$$y = \mathrm{e}^{-\int \frac{\mathrm{d}x}{x\ln x}}\left[\int \frac{1}{x}\mathrm{e}^{\int \frac{\mathrm{d}x}{x\ln x}}\mathrm{d}x + c\right] = \frac{\frac{1}{2}\ln^2 x + c}{\ln x}$$

由初始条件 $y\big|_{x=\mathrm{e}} = 1$ 得 $c = \dfrac{1}{2}$,故所求特解为 $y = \dfrac{1}{2}\left(\ln x + \dfrac{1}{\ln x}\right)$.

7.2.3　课后练习题

习题 7.2(基础训练)

1. 一阶微分方程 $\dfrac{\mathrm{d}y}{\mathrm{d}x} = 2xy$ 的通解为＿＿＿＿＿＿＿＿＿＿＿＿＿＿.

2. 一阶微分方程 $y^2 \cot x + y' = 0$ 在初始条件 $y\big|_{x=\frac{\pi}{2}} = \dfrac{1}{2}$ 的特解为＿＿＿＿＿＿＿＿.

3. 求解下列微分方程

(1) $\dfrac{\mathrm{d}y}{\mathrm{d}x} - \dfrac{\mathrm{e}^{y^2} + 3x}{y} = 0$;

(2) $y^2 \mathrm{d}x + (x^2 - xy)\mathrm{d}y = 0$;

(3)　$xy'\ln x + y = x(\ln x + 1)$．

习题 7.2(能力提升)

求下列微分方程的通解或满足初始条件的特解.

1.　$y - xy' = a(y^2 + y')$．

2.　$\left(x + y\cos\dfrac{y}{x}\right)dx - x\cos\dfrac{y}{x}dy = 0$．

3.　$ydx - (x - y^2\cos y)dy = 0$．

7.3 全微分方程

7.3.1 重要知识点

1. 全微分方程

一个一阶微分方程写成

$$P(x, y)\mathrm{d}x + Q(x, y)\mathrm{d}y = 0$$

形式后，如果它的左端恰好是某一个函数 $u = u(x, y)$ 的全微分，即

$$\mathrm{d}u(x, y) = P(x, y)\mathrm{d}x + Q(x, y)\mathrm{d}y,$$

则方程 $P(x, y)\mathrm{d}x + Q(x, y)\mathrm{d}y = 0$ 就叫做全微分方程. 这里

$$\frac{\partial u}{\partial x} = P(x, y), \quad \frac{\partial u}{\partial y} = Q(x, y),$$

而方程可写为 $\mathrm{d}u(x, y) = 0$.

2. 全微分方程的判定

若 $P(x, y)$，$Q(x, y)$ 在单连通域 G 内具有一阶连续偏导数，且 $\dfrac{\partial P}{\partial y} = \dfrac{\partial Q}{\partial x}$.

3. 全微分方程的通解

$$\int_{x_0}^{x} P(x, y)\mathrm{d}x + \int_{y_0}^{y} Q(x_0, y)\mathrm{d}y = C \ ((x_0, y_0) \in G).$$

4. 积分因子

若方程 $P(x, y)\mathrm{d}x + Q(x, y)\mathrm{d}y = 0$ 不是全微分方程，但存在一函数 $\mu = \mu(x, y)$ $(\mu(x, y) \neq 0)$，使方程

$$\mu(x, y)P(x, y)\mathrm{d}x + \mu(x, y)Q(x, y)\mathrm{d}y = 0$$

是全微分方程，则函数 $\mu(x, y)$ 叫作方程 $P(x, y)\mathrm{d}x + Q(x, y)\mathrm{d}y = 0$ 的积分因子.

5. 积分因子的求法

1) 公式法: $\because \dfrac{\partial(\mu P)}{\partial y} = \dfrac{\partial(\mu Q)}{\partial x}$,

$$\mu \frac{\partial P}{\partial y} + P \frac{\partial \mu}{\partial y} = \mu \frac{\partial Q}{\partial x} + Q \frac{\partial \mu}{\partial x} \ \text{两边同除}\mu,$$

$$Q \frac{\partial \ln \mu}{\partial x} - P \frac{\partial \ln \mu}{\partial y} = \frac{\partial P}{\partial y} - \frac{\partial Q}{\partial x} \ \text{求解不容易}$$

注：① 当 μ 只与 x 有关时 ；$\dfrac{\partial \mu}{\partial y}=0$，$\dfrac{\partial \mu}{\partial x}=\dfrac{\mathrm{d}\mu}{\mathrm{d}x}$，

$$\therefore \frac{\mathrm{d}\ln \mu}{\mathrm{d}x}=\frac{1}{Q}\left(\frac{\partial P}{\partial y}-\frac{\partial Q}{\partial x}\right)=f(x)$$

$$\therefore \mu(x)=\mathrm{e}^{\int f(x)\mathrm{d}x}.$$

② 当 μ 只与 y 有关时，$\dfrac{\partial \mu}{\partial x}=0$，$\dfrac{\partial \mu}{\partial y}=\dfrac{\mathrm{d}\mu}{\mathrm{d}y}$，

$$\therefore \frac{\mathrm{d}\ln \mu}{\mathrm{d}y}=\frac{1}{P}\left(\frac{\partial Q}{\partial x}-\frac{\partial P}{\partial y}\right)=g(y)$$

$$\therefore \mu(y)=\mathrm{e}^{\int g(y)\mathrm{d}y}.$$

2) 观察法：凭观察凑微分得到 $\mu(x,y)$.

常见的全微分表达式

$\dfrac{x\mathrm{d}y-y\mathrm{d}x}{x^2}=\mathrm{d}\left(\dfrac{y}{x}\right)$	$\dfrac{x\mathrm{d}y-y\mathrm{d}x}{x^2}=\mathrm{d}\left(\dfrac{y}{x}\right)$
$\dfrac{x\mathrm{d}y-y\mathrm{d}x}{x^2+y^2}=\mathrm{d}\left(\arctan\dfrac{y}{x}\right)$	$\dfrac{x\mathrm{d}y+y\mathrm{d}x}{xy}=\mathrm{d}(\ln xy)$
$\dfrac{x\mathrm{d}x+y\mathrm{d}y}{x^2+y^2}=\mathrm{d}\left(\dfrac{1}{2}\ln(x^2+y^2)\right)$	
$\dfrac{x\mathrm{d}y-y\mathrm{d}x}{x^2-y^2}=\mathrm{d}\left(\dfrac{1}{2}\ln\dfrac{x+y}{x-y}\right)$	

可选用的积分因子有 $\dfrac{1}{x+y}$，$\dfrac{1}{x^2}$，$\dfrac{1}{x^2y^2}$，$\dfrac{1}{x^2+y^2}$，$\dfrac{x}{y^2}$，$\dfrac{y}{x^2}$ 等.

7.3.2 典型例题解析

例 7.3.1 求微分方程 $(5x^4+3xy^2-y^3)\mathrm{d}x+(3x^2y-3xy^2+y^2)\mathrm{d}y=0$ 的通解.

解：令 $P(x,y)=5x^4+3xy^2-y^3$，$Q(x,y)=3x^2y+3xy^2+y^2$，则

$$\frac{\partial P}{\partial y}=6xy-3y^2=\frac{\partial Q}{\partial x},$$

所以这是全微分方程. 取 $(x_0,y_0)=(0,0)$，有

$$u(x,y)=\int_0^x (5x^4+3xy^2-y^3)\mathrm{d}x+\int_0^y y^2\mathrm{d}y$$

$$=x^5+\frac{3}{2}x^2y^2-xy^3+\frac{1}{3}y^3.$$

于是，方程的通解为 $x^5+\dfrac{3}{2}x^2y^2-xy^3+\dfrac{1}{3}y^3=C$.

例 7.3.2 通过观察求方程的积分因子并求其通解.

(1) $y\mathrm{d}x-x\mathrm{d}y=0$；

(2) $(1+xy)y\mathrm{d}x+(1-xy)x\mathrm{d}y=0$.

解：(1) 微分方程 $y\mathrm{d}x-x\mathrm{d}y=0$ 不是全微分方程. 因为

$$\mathrm{d}\left(\frac{x}{y}\right)=\frac{y\mathrm{d}x-x\mathrm{d}y}{y^2},$$

所以，$\dfrac{1}{y^2}$ 是方程 $y\mathrm{d}x-x\mathrm{d}y=0$ 的积分因子，于是 $\dfrac{y\mathrm{d}x-x\mathrm{d}y}{y^2}=0$ 是全微分方程，所给方程的

通解为 $\dfrac{x}{y}=C$.

(2) 微分方程 $(1+xy)y\mathrm{d}x+(1-xy)x\mathrm{d}y=0$ 不是全微分方程. 将方程的各项重新合并，得

$$(y\mathrm{d}x+x\mathrm{d}y)+xy(y\mathrm{d}x-x\mathrm{d}y)=0,$$

再把它改写成 $\mathrm{d}(xy)+x^2y^2\left(\dfrac{\mathrm{d}x}{x}-\dfrac{\mathrm{d}y}{y}\right)=0$，这时容易看出 $\dfrac{1}{(xy)^2}$ 为积分因子，乘以该积分因

子后，方程就变为

$$\frac{\mathrm{d}(xy)}{(xy)^2}+\frac{\mathrm{d}x}{x}-\frac{\mathrm{d}y}{y}=0,$$

积分得通解为 $-\dfrac{1}{xy}+\ln\left|\dfrac{x}{y}\right|=\ln C$，即 $\dfrac{x}{y}=C\mathrm{e}^{\frac{1}{xy}}$.

例 7.3.3　用积分因子法求 $\dfrac{\mathrm{d}y}{\mathrm{d}x}+2xy=4x$ 的通解.

解：方程的积分因子为　$\mu(x)=\mathrm{e}^{\int 2x\mathrm{d}x}=\mathrm{e}^{x^2}$. 方程两边乘以 e^{x^2} 得

$$y'\mathrm{e}^{x^2}+2x\mathrm{e}^{x^2}y=4x\mathrm{e}^{x^2},\ \ 即\ (\mathrm{e}^{x^2}y)'=4x\mathrm{e}^{x^2},$$

于是　　　　　　　　　　　　　$\mathrm{e}^{x^2}y=\int 4x\mathrm{e}^{x^2}\mathrm{d}x=2\mathrm{e}^{x^2}+C$.

因此原方程的通解为　　　　　　　$y=\int 4x\mathrm{e}^{x^2}\mathrm{d}x=2+C\mathrm{e}^{-x^2}$.

7.3.3　课后练习题

习题 7.3(基础训练)

1. 判断下列方程中哪些是全微分方程，并求出全微分方程的通解.

(1) $(3x^2+6xy^2)\mathrm{d}x+(6x^2y+4y^2)\mathrm{d}y=0$；

(2) $(a^2 - 2xy - y^2)\mathrm{d}x - (x+y)^2\mathrm{d}y = 0$.

2. 求方程$(x^3 - 3xy^2)\mathrm{d}x + (y^3 - 3x^2 y)\mathrm{d}y = 0$的通解.

3. 利用观察法求出下列方程的积分因子并求其通解.

(1) $(x - y^2)\mathrm{d}x + 2xy\mathrm{d}y = 0$;

(2) $2y\mathrm{d}x - 3xy^2\mathrm{d}x - x\mathrm{d}y = 0$.

习题 7.3(能力提升)

1. 求微分方程 $\dfrac{\mathrm{d}y}{\mathrm{d}x} = -\dfrac{x^2 + x^3 + y}{1+x}$ 的通解.

2. 验证 $\dfrac{2}{xy[f(xy) - g(xy)]}$ 是微分方程 $yf(xy)\mathrm{d}x + xg(xy)\mathrm{d}y = 0$ 的积分因子，并求方程 $y(2xy+1)\mathrm{d}x + x(1 + 2xy - x^3y^3)\mathrm{d}y = 0$.的通解.

7.4 可降阶的高阶微分方程

7.4.1 重要知识点

(1) $y^{(n)} = f(x)$ 型

解法：连续积分 n 次便得通解.

(2) $y'' = f(x, y')$ 型

解法：令 $y' = p$ ，则 $y'' = p'$ ，从而原方程降为一阶微分方程 $p' = f(x, p)$.

(3) $y'' = f(y, y')$ 型

解法：令 $y' = p$ ，则 $y'' = p\dfrac{\mathrm{d}p}{\mathrm{d}y}$ ，从而原方程降为一阶微分方程 $p\dfrac{\mathrm{d}p}{\mathrm{d}y} = f(y, p)$.

7.4.2 典型例题解析

例 7.4.1 求微分方程 $y'' = x$ 的通解.

解：由 $y'' = x$ 得 $y' = \dfrac{x^2}{2} + c_1$，则 $y = \dfrac{x^3}{6} + c_1 x + c_2$ 为其通解.

例 7.4.2 求微分方程 $x^2 y'' + x y' = 1$ 的通解.

分析 方程不显含 y，属 $y'' = f(y, y')$ 型，令 $y' = p$，则 $y'' = p'$，方程化为一阶微分方程.

解：令 $y' = p$ 则 $x^2 p' + xp = 1$，从而 $p' + \dfrac{1}{x} p = \dfrac{1}{x^2}$.这是一阶非齐次线性微分方程.

$$p = e^{-\int \frac{1}{x} dx} \left[\int \frac{1}{x^2} e^{\int \frac{1}{x} dx} dx + c_1 \right] = c_1 \frac{1}{x} + \frac{1}{x} \ln |x|$$

即

$$y' = c_1 \frac{1}{x} + \frac{1}{x} \ln |x|$$

从而通解为

$$y = c_1 \ln |x| + \ln |\ln |x|| + c_2.$$

例 7.4.3 求 $y y'' = 2(y'^2 - y')$ 满足初始条件 $y(0) = 1$，$y'(0) = 2$ 的特解.

分析 令 $y' = p$，则 $y'' = p \dfrac{dp}{dy}$，则方程可化为一阶方程.

解：令 $y' = p$，则 $y'' = p \dfrac{dp}{dy}$，代入方程并化简得 $y \dfrac{dp}{dy} = 2(p - 1)$.

上式为可分离变量的一阶微分方程，解得 $p = y' = cy^2 + 1$.

再分离变量得 $\dfrac{dy}{cy^2 + 1} = dx$.

由 $y(0) = 1$, $y'(0) = 2$ 得 $c = 1$，从而 $\dfrac{dy}{y^2 + 1} = dx$.

两边积分得 $\arctan y = x + c_1$，又由 $y(0) = 1$，得 $c_1 = \dfrac{\pi}{4}$.

从而所求的解为 $y = \tan\left(x + \dfrac{\pi}{4} \right)$.

7.4.3　课后练习题

习题 7.4(基础训练)

1. 求下列微分方程的通解.

(1)　$y'' = \ln x$；

(2)　$xy'' + y' = 0$；

(3)　$yy'' - 2y' = 0$；

(4)　$yy'' - (y')^2 = 0$.

2. 求下列微分方程满足初始条件的特解.

(1)　$(1 + x^2)y'' = 2xy'$，$y\big|_{x=0} = 1, y'\big|_{x=0} = 3$；

(2) $y'' = 2yy'$, $y\big|_{x=0} = 1$, $y'\big|_{x=0} = 2$.

习题 7.4(能力提升)

1. 单项选择题

(1) 设线性无关的函数 $y_1(x)$, $y_2(x)$, $y_3(x)$ 均是二阶非齐次线性微分方程 $y'' + p(x)y' + q(x)y = f(x)$ 的解，c_1, c_2 是任意常数，则该非齐次方程的通解是(　　).

　　A. $c_1y_1 + c_2y_2 + y_3$ 　　　　　　　　B. $c_1y_1 + c_2y_2 - (c_1 + c_2)y_3$

　　C. $c_1y_1 + c_2y_2 - (1 - c_1 - c_2)y_3$ 　　D. $c_1y_1 + c_2y_2 + (1 - c_1 - c_2)y_3$

(2) 微分方程 $y'' - y = e^x + 1$ 的一个特解应具有形式(　　).

　　A. $ae^x + b$ 　　　B. $axe^x + b$ 　　　C. $ae^x + bx$ 　　　D. $axe^x + bx$

2. 求 $y'' = 1 + y'^2$ 的通解.

3. 求解下列微分方程

(1) $y'' + \dfrac{2x}{1+x^2}y' - 2x = 0$;

(2) $(1+y^2)yy'' = (3y^2-1)y'^2$.

(3) $2(1+y)y'' = 1+y'^2$, $y\big|_{x=0}=1$, $y'\big|_{x=0}=1$.

7.5　高阶微分方程

7.5.1　重要知识点

1. 二阶线性微分方程

$$y'' + P(x)y' + Q(x)y = f(x)\,(\text{其中 } p,q \text{ 为常数}).\tag{7.5.1}$$

(1) 若 $f(x)\equiv 0$，则方程(7.5.1)叫作二阶齐次线性微分方程，即

$$y'' + P(x)y' + Q(x)y = 0.\tag{7.5.2}$$

(2) 如果 $f(x)$ 不恒为零，则方程(7.5.1)叫作二阶非齐次线性微分方程.

2. 线性相关与线性无关

设 $y_1(x), y_2(x), \cdots, y_n(x)$ 为定义在区间 I 上的 n 个函数.如果存在 n 个不全为零的常数 $k_1, k_2, \cdots, k_n$，使得当 $x\in I$ 时有恒等式

$$k_1 y_1 + k_2 y_2 + \cdots + k_n y_n \equiv 0$$

成立，那么称这 n 个函数在区间 I 上线性相关；否则称线性无关.

3. 线性微分方程解的结构

(1) **定理 7.5.1**　如果函数 $y_1(x)$ 与 $y_2(x)$ 是方程 (7.5.2) 的两个解，那么 $y = C_1 y_1(x) + C_2 y_2(x)$ 也是方程(7.5.2)的解，其中 C_1, C_2 为任意常数.

(2) **定理 7.5.2**　如果 $y_1(x)$ 与 $y_2(x)$ 是方程(7.5.2)的两个线性无关的特解，那么 $y = C_1 y_1(x) + C_2 y_2(x)$ 就是方程(7.5.2)的通解，其中 C_1, C_2 为任意常数.

(3) **定理 7.5.3**　设 $y^*(x)$ 是二阶非齐次线性方程

$$y'' + P(x)y' + Q(x)y = f(x) \tag{7.5.3}$$

的一个特解，$Y(x)$ 是与(7.5.3)对应的齐次方程(7.5.2)的通解，那么 $y = Y(x) + y^*(x)$ 是二阶非齐次线性微分方程(7.5.3)的通解.

(4) **定理 7.5.4**　设非齐次线性方程(7.5.1)的右端 $f(x)$ 是几个函数之和，如

$$y'' + P(x)y' + Q(x)y = f_1(x) + f_2(x),$$

而 $y_1^*(x), y_2^*(x)$ 分别是方程 $y'' + P(x)y' + Q(x)y = f_1(x)$ 与 $y'' + P(x)y' + Q(x)y = f_2(x)$ 的特解，那么 $y_1^*(x) + y_2^*(x)$ 就是原方程的特解.

7.5.2　课后练习题

习题 7.5(基础训练)

1. 下列函数组在其定义区间内哪些是线性无关的？

(1) e^{-x}, e^x；

(2) $x, 4x$；

(3) $\sin 2x, \sin x \cos x$；

(4) $e^{x^2}, x e^{x^2}$.

2. 验证 $y = C_1 \mathrm{e}^x + C_2 \mathrm{e}^{2x} + \dfrac{1}{12} \mathrm{e}^{5x}$ (C_1、C_2 是任意常数)是方程 $y'' - 3y' + 2y = \mathrm{e}^{5x}$ 的通解.

7.6　常系数线性微分方程

7.6.1　重要知识点

1. 二阶常系数齐次线性方程

(1) 形式：$y'' + py' + qy = 0$，p, q 为常数.

(2) 解法：写出特征方程　$\lambda^2 + p\lambda + q = 0$；

特征方程根的三种不同情形对应方程通解的三种形式.

① 当 $\Delta = p^2 - 4q > 0$ 时，特征方程有两个不同的实根 λ_1, λ_2，则方程的通解为 $y = C_1 \mathrm{e}^{\lambda_1 x} + C_2 \mathrm{e}^{\lambda_2 x}$.

② 当 $\Delta = p^2 - 4q = 0$ 时，特征方程有而重根 $\lambda_1 = \lambda_2$，则方程的通解为 $y = (C_1 + C_2 x)\mathrm{e}^{\lambda_1 x}$.

③ 当 $\Delta = p^2 - 4q < 0$ 时，特征方程有共轭复根 $\alpha \pm \mathrm{i}\beta$，则方程的通解为 $y = \mathrm{e}^{\alpha x}(C_1 \cos \beta x + C_2 \sin \beta x)$.

2. 二阶常系数非齐次线性方程

(1) 形式：$y'' + py' + qy = f(x)$，其中 p, q 为常数.

(2) 通解 $y = \bar{y} + C_1 y_1(x) + C_2 y_2(x)$，其中 $C_1 y_1(x) + C_2 y_2(x)$ 为对应的二阶常系数齐次线性方程的通解，上面已经讨论时，所以关键要讨论二阶常系数非齐次线性方程的一个特解 $\bar{y}$.

我们根据 $f(x)$ 的形式，先确定特解 $\bar{y}$ 的形式，其中包含一些待定的系数，然后代入方程确定这些系数就得到特解 $\bar{y}$，常见的 $f(x)$ 的形式和相对应地 $\bar{y}$ 的形式如下.

(1) $f(x) = p_n(x)$，其中 $p_n(x)$ 为 n 次多项式.

① 若 0 不是特征根，则令 $\bar{y} = R_n(x) = a_0 x^n + a_1 x^{n-1} + \cdots + a_{n-1} x + a_n$，其中

$a_i(i = 0,1,2,\cdots,n)$ 为待定系数；

② 若 0 是特征方程的单根，则令 $\overline{y} = xR_n(x)$;

③ 若 0 是特征方程的重根，则令 $\overline{y} = x^2 R_n(x)$.

(2) $f(x) = p_n(x)e^{\alpha x}$ ，其中 $p_n(x)$ 为 n 次多项式，α 为实常数.

① 若 α 不是特征根，则令 $\overline{y} = R_n(x)e^{\alpha x}$;

② 若 α 是特征方程的单根，则令 $\overline{y} = xR_n(x)e^{\alpha x}$;

③ 若 α 是特征方程的重根，则令 $\overline{y} = x^2 R_n(x)e^{\alpha x}$.

(3) $f(x) = p_n(x)e^{\alpha x}\sin\beta x$ 或 $f(x) = p_n(x)e^{\alpha x}\cos\beta x$ ，其中 $p_n(x)$ 为 n 次多项式，α,β 皆为实常数.

① 若 $\alpha \pm i\beta$ 不是特征根，则令 $\overline{y} = e^{\alpha x}[R_n(x)\cos\beta x + T_n(x)\sin\beta x]$. 其中 $R_n(x) = a_0 x^n + a_1 x^{n-1} + \cdots + a_{n-1}x + a_n$ ，$a_i(i = 0,1,\cdots,n)$ 为待定系数.

$T_n(x) = b_0 x^n + b_1 x^{n-1} + \cdots + b_{n-1}x + b_n$ ，$b_i(i = 0,1,\cdots,n)$ 为待定系数.

② 若 $\alpha \pm i\beta$ 是特征根，则令 $\overline{y} = xe^{\alpha x}[R_n(x)\cos\beta x + T_n(x)\sin\beta x]$.

7.6.2 典型例题解析

例 7.6.1 求微分方程 $y'' + y = 0$ 的通解.

解：特征方程为 $r^2 + 1 = 0$ ，特征根 $r_1 = i$, $r_2 = -i$ ，则通解为 $y = c_1\cos x + c_2\sin x$.

例 7.6.2 求微分方程 $4\dfrac{d^2 x}{dt^2} - 20\dfrac{dx}{dt} + 25x = 0$ 的通解.

解：特征方程为 $4r^2 - 20r + 25 = 0$ ，特征根 $r_1 = r_2 = -\dfrac{5}{2}$ ，从而通解为 $x = (c_1 + c_2 t)e^{-\frac{5}{2}t}$.

例 7.6.3 求 $y'' - 6y' + 8y = 0$ 的通解.

解：特征方程为 $r^2 - 6r + 8 = 0$ ，特征根为 $r_1 = 2$，$r_2 = 4$ 则通解为 $y = c_1 e^{2x} + c_2 e^{4x}$.

7.6.3 课后练习题

习题 7.6(基础训练)

1. $y'' + 6y' + 9y = 0$.

2. $y'' - 2y' + 5y = 0$.

3. $y'' + 3y' + 2y = 0$.

习题 7.6(能力提升)

1. 单项选择题

已知 $y_1 = (x-1)^2$ 和 $y_2 = (x+1)^2$ 都是微分方程 $(x^2-1)y'' - 2xyy' + 2y = 0$ (1) 和 $2yy'' - y'^2 = 0$ (2)的解，则这两个解的任意线性组合 $c_1(x-1)^2 + c_2(x+1)^2$ ( ).

    A. 既满足方程(1)又满足方程(2)   B. 只满足方程(1)不满足方程(2)

    C. 只满足方程(2)不满足方程(1)   D. 两个都不满足

2. 求出以 $y = e^x(c_1 \sin x + c_2 \cos x)$ 为通解的微分方程.

7.7　差　分　方　程

7.7.1　重要知识点

1. 差分

函数 $y_t = f(t)$ 在 t 时刻的一阶差分：$\Delta y_t = y_{t+1} - y_t = f(t+1) - f(t)$.

函数 $y_t = f(t)$ 在 t 时刻的二阶差分定义为 t 时刻一阶差分的差分，即

$$\Delta^2 y_t = \Delta y_{t+1} - \Delta y_t = y_{t+2} - 2y_{t+1} + y_t.$$

其中，Δ^2 的上标 2 表示差分运算 Δ 进行了两次.

函数 $y_t = f(t)$ 在 t 时刻的三阶差分：

$$\Delta^3 y_t = \Delta^2 y_{t+1} - \Delta^2 y_t = \Delta y_{t+2} - 2\Delta y_{t+1} + y_t$$

$$= y_{t+3} - 3y_{t+2} + 3y_{t+1} - y_t.$$

函数 $y_t = f(t)$ 在 t 时刻的 k 阶差分：

$$\Delta^k y_t = \Delta(\Delta^{k-1} y_t) = \Delta^{k-1} y_{t+1} - \Delta^{k-1} y_t$$

$$= \sum_{i=0}^{k} (-1)^i C_k^i y_{t+k-i}, k = 1, 2, \cdots$$

其中，

$$C_k^i = \frac{k!}{i!(k-i)!}.$$

2. 差分方程

含有自变量 t，未知函数 y_t，以及 y_t 的差分 $\Delta y_t, \Delta^2 y_t, \cdots$ 的函数方程，称为常差分方程，简称为差分方程；出现在差分方程中的差分最高阶数，称为差分方程的阶.

3. n 阶差分方程的一般形式

$$F(t, y_t, y_{t+1}, \cdots, y_{t+n}) = 0, \tag{7.7.1}$$

其中，$F(t, y_t, y_{t+1}, \cdots, y_{t+n})$ 为 $t, y_t, y_{t+1}, \cdots, y_{t+n}$ 的已知函数，且 y_t 与 y_{t+n} 一定要出现(否则不是 n 阶差分方程，而是低于 n 阶的差分方程).

4. 差分方程的解

如果将已知函数 $y_t = \varphi(t)$ 代入方程(7.7.1)，使其对 $t = 0, 1, 2, \cdots$ 成为恒等式，则称 $y_t = \varphi(t)$ 为方程(7.7.1)的解，含有 n 个(独立的)任意常数 $C_1, C_2, \cdots, C_n$ 的解

$$y_t = \varphi(t, C_1, C_2, \cdots, C_n)$$

称为 n 阶差分方程(7.7.1)的通解.在通解中给任意常数 $C_1, C_2, \cdots, C_n$ 以确定的值而得到的解，称为 n 阶差分方程(7.7.1)的特解.

5. 线性差分方程

线性差分方程，形如

$$y_{t+n} + a_1(t)y_{t+n-1} + \cdots + a_{n-1}(t)y_{t+1} + a_n(t)y_t = f(t) \tag{7.7.2}$$

的差分方程，称为 n 阶非齐次线性差分方程. 其中，$a_1(t), \cdots, a_{n-1}(t), a_n(t)$ 和 $f(t)$ 为 t 的已知函数，且 $a_n(t) \neq 0, f(t) \neq 0$.而形如

$$y_{t+n} + a_1(t)y_{t+n-1} + \cdots + a_{n-1}(t)y_{t+1} + a_n(t)y_t = 0 \tag{7.7.2}$$

的差分方程，称为 n 阶齐次线性差分方程. 其中，$a_1(t), \cdots, a_{n-1}(t), a_n(t)$ 为 t 的已知函数，且 $a_n(t) \neq 0$. n 阶齐次线性差分方程与 n 阶非齐次线性差分方程统称为 n 阶线性差分方程，有时也称方程(7.7.3)与方程(7.7.2)的对应齐次方程.

如果 $a_1(t) = a_1, \cdots, a_{n-1}(t) = a_{n-1}, a_n(t) = a_n$ 为常数，则有

$$y_{t+n} + a_1 y_{t+n-1} + \cdots + a_{n-1}y_{t+1} + a_n y_t = f(t) \tag{7.7.4}$$

$$y_{t+n} + a_1 y_{t+n-1} + \cdots + a_{n-1}y_{t+1} + a_n y_t = 0 \tag{7.7.5}$$

称方程(7.7.4) 为 n 阶常系数非齐次线性差分方程，称方程(7.7.5)为 n 阶常系数齐次线性差分方程.

7.7.2 典型例题解析

例 7.7.1 计算函数 $y_n = \ln(n+2)$ 的差分.

解： $\Delta y_n = y_{n+1} - y_n = \ln(n+3) - \ln(n+2) = \ln \dfrac{n+3}{n+2}$.

例 7.7.2 验证 $y_t = t^2$ 是差分方程 $y_{t+1} - y_t = 2t + 1$ 的一个解.

解： 将 $y_t = t^2$ 代入方程的左边，得

$$y_{t+1} - y_t = (t+1)^2 - t^2 = 2t + 1 = 右边$$

所以，$y_t = t^2$ 是差分方程 $y_{t+1} - y_t = 2t + 1$ 的一个解，同样可以验证 $y_t = C + t^2$ 也是该方程的解，其中 C 是任意常数，所以它是方程的通解.

7.7.3 课后练习题

习题 7.7(基础训练)

1. 计算下列各题的差分：

(1) $y_t = ta^t \ (a \neq 1)$，求 $\Delta^2 y_t$；

(2)　$y_t = \sin 3t$，求 $\Delta^2 y_t$.

2. 确定下列差分方程的阶

(1)　$n^2 y_{n+1} - n y_n = 2$；

(2)　$n^2 y_{n+1} - n y_n = 2$；

(3)　$y_{n+1} - y_{n-1} = n + 2$；

(4) $y_{n+2} + (n+3)y_{n+1} + 2ny_n + y_{n-1} = 0$.

3. 试证下列函数是所给方程的解

(1) $(1+y_n)y_{n+1} = y_n$, $y_n = \dfrac{1}{n+3}$;

(2) $y_{n+2} + y_n = 0$, $y_n = 2\sin\dfrac{\pi}{2}n + 4\cos\dfrac{\pi}{2}n$.

参 考 文 献

[1] 杨宏. 高等数学[M]. 2 版. 上海：同济大学出版社，2013.

[2] 同济大学应用数学系. 高等数学[M]. 5 版. 北京：高等教育出版社，2002.

[3] 华东师范大学数学系. 高等数学习题与解答[M]. 上海：华东师范大学出版社，2010.

[4] 杨金远，潘淑平. 高等数学习题课教程[M]. 北京：化学工业出版社，2009.

[5] 白淑岩. 应用高等数学[M]. 北京：清华大学出版社，2012.

[6] 于龙文，路永洁，宋岱才，等. 高等数学学习指导与习题解析[M]. 北京：化学工业出版社，2008.

[7] 天津大学考研数学应试研究会. 硕士研究生入学考试数学复习指导[M]. 天津：天津大学出版社，2006.

[8] 河北科技大学理学院数学系. 高等数学同步学习指导[M]. 北京：清华大学出版社，2013.

[9] 青岛科技大学数学系. 高等数学学习指导[M]. 北京：国防工业出版社，2010.